普通高等教育
艺术类“十二五”规划教材

景观设计

+ 张大为 编著 +

LANDSCAPE DESIGN

人民邮电出版社
北京

图书在版编目（CIP）数据

景观设计 / 张大为编著. -- 北京 : 人民邮电出版社，2016.6（2022.1重印）
普通高等教育艺术类“十二五”规划教材
ISBN 978-7-115-41752-7

Ⅰ. ①景… Ⅱ. ①张… Ⅲ. ①景观设计一高等学校一教材 Ⅳ. ①TU986.2

中国版本图书馆CIP数据核字(2016)第036370号

内容提要

本书从景观生态规划和人性化理念入手，阐述了景观设计的基本概念、目的和意义，全面介绍了景观环境设计理论及其应用途径，具体介绍了景观环境设计的思考方法与设计程序，系统介绍了居住区、城市滨水、城市街道和城市广场的相关概念、基本类型、设计要求以及实践应用等专业知识。全书穿插了国内外多种类型的景观设计实例，利于读者理解相关内容。本书将景观规划理论与艺术表现相联系，将设计内容与工程实践相结合，并注重培养读者的创新意识。

本书为高等院校景观建筑设计、环境艺术设计、艺术设计及相关专业的统编教材，同时也可作为建筑学、城市规划、园林、园艺、环保、材料等专业工程技术人员的自学参考书。

◆ 编　　著　张大为
责任编辑　刘　博
责任印制　沈　蓉　彭志环
◆ 人民邮电出版社出版发行　　北京市丰台区成寿寺路 11 号
邮编　100164　　电子邮件　315@ptpress.com.cn
网址　http://www.ptpress.com.cn
固安县铭成印刷有限公司印刷
◆ 开本：787×1092　1/16
印张：13.75　　　2016 年 6 月第 1 版
字数：322 千字　　　2022 年 1 月河北第 6 次印刷

定价：59.80 元

读者服务热线：(010)81055256　印装质量热线：(010)81055316
反盗版热线：(010)81055315

前　言

景观设计是一门集城市规划学、建筑学、园艺、林学、设计学、自然科学以及人文科学等高度综合的应用学科。它不仅涉及思维科学，还涉及文化与艺术；它不但属于工学，而且属于人文学和美学；它既建立在理性的逻辑推理基础之上，又包含感性的艺术修养及审美认知。城市景观是一个国家与区域的政治、经济、文化、体制、价值观等方面的物化表现形式，是历史的烙印和时代的象征。

目前景观设计领域存在着一些现实问题，其中克服学科差别和专业局限性是当前的突出问题。这迫切需要我们从多层面、多角度来认识景观设计。只有制订全面的、可持续发展的教学培养计划，景观设计的专业教学才会具有现实意义。从根本上看，一本适合培养学生设计能力的教材应当注重思维方式和调查研究能力的培养，同时还应是一个可供操作的文本、能够实施的纲要，并具有教学参考书的性质。景观设计教材的使用价值，在于将理论知识逐步转化成有助于技能提高的专业素质，使教材内容能够从信息升华为一种启迪，进而增强学生对相关问题本质的认识和创意能力。

本书以景观生态规划为主线，充分体现了一切从实际出发的人性化设计理念。全书共分为八章，系统地介绍了景观设计的基本理论与实践要求。其中，第三章和第四章是全书的基础及重点。第三章介绍了景观环境的认知方法和设计工作的基本过程，有助于学习者从城市宏观环境的层面思考景观设计。第四章从图纸规范化表达的角度讲述了景观设计的图纸表达种类与内容要求，并提供多项图纸实例以便读者进行全面理解。希望本书的出版对景观设计及教学交流能够有所襄助。本书在编写时参考了大量的国内外有关文献资料，援用了一些景观工程实例图片，特此一并向文献作者和图片所有权者表示由衷的感谢。

景观环境设计内容繁杂，涵盖的领域十分广泛，随着时代发展和人们的认知更新，书中疏漏之处在所难免，敬希广大师友不吝赐教。

张大为

2016 年 2 月于天津城建大学

目录 Contents

第四章 景观环境设计的图纸种类及内容要求

第五章 居住区景观环境设计

第六章 滨水景观环境设计

第七章 城市街道景观环境设计

第八章 广场景观环境设计

第一章
景观设计发展历程及学科定位

学习目标及基本要求：

明确景观设计的本质和专业特征，了解景观设计的发展历程及学科定位；理解景观设计的基本概念及相关内容；认识景观设计的发展趋势，能够以时代发展的角度来分析和评价已有设计作品。

学习内容的重点与难点：

重点是理解景观设计的基本概念和时代特点。难点是如何以发展的角度来正确评价目前的景观设计作品。

第一节 认识景观设计基本概念

在景观设计文献中，常会见到与景观相近的名词，例如造园、风景、园林、风景园林等。那么，这些称谓或名称是否有差别呢？对此我们就要先来了解一下这些名词的专业含义。

一、"造园"一词的含义

"造园"乃是日本外来语，其含义与"园林"一词比较接近，目前仍在日本及我国台湾等地使用。

二、"风景"一词的含义

"风景"指风光、景色。在英文中，风景一词常用 Landscape 表示，是指自然景色、利用风景园艺的技术改造，以及美化自然风景的手段和工作。

三、"园林"一词的含义

"园林"属于一个古为今用的名词，既指人为的园苑，又指对自然风景的改造，如园林规划、城市园林等。同时，它还被用于事业、企业和学术的范畴，如园林学院、园林局、园林杂志等。

四、对景观的理解

（一）景观的定义

景观，是指在某一区域内由形态、形式因素构成的较为独立的、具有观赏和审美价值的景物。

（二）景观的分类

若按成因不同，景观可分为自然景观和人工景观两大类。其中，自然景观是指非人力所为，或人为因素较少的客观景色，如山、河、植物、地貌、天象、时令等；人工景观是指根据人们需要而人为创造的人工因素，如建筑、公园、广场、公共艺术作品等。

（三）景观的本质

首先，景观是人们的审美对象，景观与人之间，既相互作用，又相互联系；其次，景观是人与人、人与自然之间相互关系的客观体现，寄托着人对生活的期望和理想；第三，景观的表象具有较强的地域性，并反映出当地不同时期的发展和变化；第四，景观的表象，不仅是一种社会形态的物化形式，同时也代表了那一时期的文明趋向。

五、对环境的理解

环境是由自然因素、人工因素和社会文化因素，以及所有对人类产生各种影响的外部条件所构成的物质空间。

我们可将城市环境分为宏观、中观及微观三个层次来研究。在此，宏观环境是指整个城市，中观环境是指相互联系的组合景观或单体景观，而微观环境则是指建筑物的内部景观。无论是宏观环境、中观环境，还是微观环境，都共同与自然、人、社会等产生相互联系和影响（图 1–1）。

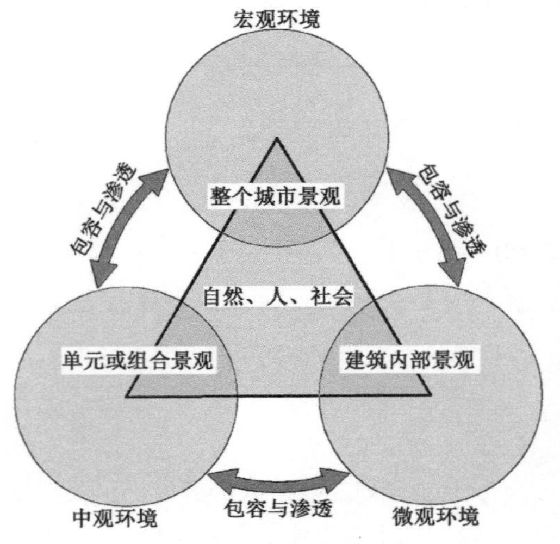

图 1–1 景观环境的层次关系

六、环境保护的含义

环境保护，是指保护人类赖以生存的环境，防止其受到污染和破坏，以使其更好地适合于人类生产和生活以及自然生物的生存。

环境保护包括合理利用资源、防止环境污染，以及环境遭到污染后应做好综合治理等内容。必须合理开发和有效利用自然资源，经济建设不能超出环境允许的极限。

七、对景观生态学的理解

景观生态学，是以生态学为基础，遵循自然生态和人居环境的发展规律，以可持续发展为目标的一门学科。

（一）生态学概念

生态学是研究生物体与其周围环境（包括非生物和生物环境）相互关系的科学。其中，系统论、控制论及信息论概念和方法的引入，促进了生态学理论的发展。

（二）景观生态学概念

景观生态学以景观为对象，以人与自然相互协调共生为原则，研究景观在物质、能量和信息交换过程中所形成的空间格局、内部功能，以及各部分之间的相互关系；探讨景观的发生、发展规律，建立景观的时空动态模型，以达到对景观的合理保护和优化利用的目的。

八、景观规划的概念

（一）景观生态规划

景观生态规划，根据景观生态学原理及相关学科知识，以区域景观生态系统的整体优化为目标，通过研究景观格局与生态过程、人类活动与景观的相互作用等方面，建立起可使区域景观生态系统得到优化利用的空间结构和模式，使廊道、斑块、基质等景观要素的数量及分布合理，达到信息流、物质流及能量流的畅通，并使景观生态系统兼具美学价值和适于人类居住。

（二）斑块的概念

城市景观的斑块，是指具有相同功能和属性或相同质的地段及空间实体。对城市生态有重要影响的景观斑块，主要包括城市公园、城市绿地、小片林地等（图 1–2）。

图 1–2　斑块的形成

（三）城市廊道的概念

城市廊道是指城市景观中线状或带状的景观要素，其中以交通线路所构成的网络为主。

（四）基质的概念

基质是斑块镶嵌内的背景生态系统或土地利用形式，一般指旅游地的地理环境及人文社会特征。在城市中，可以把街道和街区看作景观的基质（图 1–3）。

图 1–3　由街道与街区构成的基质

九、景观设计的定义

景观设计是关于土地的分析、规划、设计、管理、保护和恢复的科学和艺术，它与建筑学和城市规划学共同构成人居环境建设的三大学科。

第二节　景观设计发展历程

景观设计发展至今，经历了几个不同的历史阶段。为更好地认识景观设计的发展过程，并与园林、城市规划、建筑等专业史进行对接，在此将景观设计的发展历程概括成为四个发展阶段，即早期、近代、现代及生态的景观设计。现分别来做一下简要介绍。

一、早期景观设计

早期景观设计，一般都具有以下三个特点。

① 景观园林只为统治者、贵族、宗教信仰者等少数人所有和享用。

② 景观园林空间为封闭的内向型。

③ 以追求精神享受为主，多忽视生态和环境效益。

在公元 4 世纪以前，早期景观设计正处于萌芽状态，属于狩猎、农业社会的景观发展阶段。由于当时生产力落后、剩余劳动产品不足，加上人们认识自然的局限性，同时又被对自然和神灵的敬畏等宗教思想支配，景观功能一般以生产、狩猎及祈祷通灵等为目的，其实用性较强，游赏功能相对较弱，且以建筑为主，兼顾植物和水的应用，服务对象主要是皇室和贵族的后代。

（一）欧洲早期景观设计

在欧洲，“景观”一词最早出现在《圣经·旧约》全书中，其含义为“风景”“景色”或“景致”。

1. 古埃及早期景观设计

西方最早的景观设计，可追溯到公元前3000多年建造的古埃及法老和商人的私家庭院。对地处沙漠的居民来说，拥有水和“绿洲”是最大的梦想，他们为防止沙漠风暴和尼罗河水的侵袭，在庭院四周筑起高墙以作防范。古埃及的景观风格与特征是其自然条件、社会生产和生活方式以及宗教风俗的综合反映。古埃及庭院景观在总体布局上均有统一的构图，并采用中轴对称的规则布局形式。由于埃及人把几何学概念引入到了景观设计之中，古埃及的景观布局多具有方形或矩形特征（图 1–4）。

图 1–4 古埃及时期的景观布局形式

（1）古埃及景观类型 古埃及景观大致有以下五种类型：①宫苑景观，在公元前1570 年出现高潮。②圣苑景观，古埃及历代法老都营造了圣苑（图 1–5）。③陵寝景观，是古埃及法老及贵族为自己建造的陵墓。④金字塔景观，既是统治者死后的墓穴，又是其生前的礼仪建筑。⑤贵族花园景观，是古埃及王公贵族为自己建造的与府邸相连的花园。

图 1–5 古埃及卢克索神庙

（2）古埃及景观特征 ①景园大多建造在临近河流或水渠的平地上。②树木和水体是最基本的景观要素，棚架、凉亭等也应运而生。③景观采用整体对称的规则式布局，具有较强的均衡稳定感。④植物种类和种植方式丰富多彩。⑤当埃及与希腊接触之后，花卉装饰开始在景园中大量出现。⑥利用大门通往住宅的甬道来构成景观中轴线，在两侧对称布置凉亭和矩形水池。⑦以高墙来分隔空间，且互有渗透和联系。

2. 古巴比伦和波斯早期景观设计

古巴比伦时期为公元前 3500 年 ~ 公元前 5 世纪。在公元前 539 年，波斯人占领两河流域，建立了波斯帝国。此后巴比伦王国衰败。

波斯庭园景观，多以十字形道路交叉点上的水池为中心，这一设计手法后成为伊斯兰教景观的传统，流传于北非、西班牙、印度等地，在被传入意大利后，又演变出各种手法。

图 1–6 古巴比伦的空中花园景观

（1）古巴比伦景观类型　①猎苑景观，以狩猎为娱乐目的。②圣苑景观，出于对树木的尊崇在庙宇周围种植树木。③宫苑景观，被誉为“古代世界七大奇迹”之一的“空中花园”，又称“悬园”，就属此种类型，它是尼布甲尼撒二世为其王妃建造的（图 1–6）。

（2）古巴比伦景观特征　①是当时自然条件、社会状况、宗教思想和生活习俗的综合反映。②将树木神化的做法，与古埃及圣苑十分相似。③在宫苑和宅园中，采取了类似于今天的屋顶花园的结构和形式。④为避免居室受到阳光的直射，通常在房屋前建有宽敞的走廊，以起到通风和遮荫的作用。⑤在建筑技术、引水灌溉和园艺等方面，都有了长足发展。

3. 古希腊早期景观设计

公元前 4 世纪，古希腊的景观设计开创了欧洲景观设计的先河，其设计风格直接影响到古罗马、意大利、法国、英国等国家。古希腊人把果蔬园改造成具有装饰性的庭院，如将景观设于坡地上，并分成若干个台地园遍植林木，在景园中设有剧院、竞技场、小径、凉亭、柱廊等，既是宗教场所，也是公共活动中心。古希腊庭院中有关水的创作理念，对后来意大利和法国的水景设计影响较为显著。

（1）古希腊景观类型　古希腊景观，大体上可分为三种类型：①公共景观，是指供公共活动、游览的景观，景园内一般设有体育竞赛优胜者的大理石雕像、休息坐椅、体育活动观摩区，休闲区、游览区等，还建有讲演厅、音乐演奏台，以及其他公共活动设施。②住宅景观，是指在住宅四周以柱廊围绕成庭院，院中设有水池和花木的景观。③神庙景观，是指以神庙为主体的景观园林风景区。

（2）古希腊景观特征　①古希腊景观与当时人们的生活习惯密切相关，属于建筑整体的一部分。②景观类型多样化，并成为后世欧洲景观的雏形。③景观园林的植物种类丰富多彩，园艺技术较高。

4. 意大利早期景观设计

意大利是欧洲文艺复兴运动（14 世纪 ~ 16 世纪）的发源地。在文艺复兴时期，景观设计的表现手法逐步由几何型向巴洛克艺术曲线型转变，经历了简洁、丰富、装饰过分（巴洛克）三个发展阶段。到了文艺复兴后期，景观设计一反以往的明快均衡之美，过分表现无序和烦琐的细部处理，甚至还追求主观、新奇、梦幻般的表现手法，代表人物为米开朗基罗。

（1）巴洛克化庭园景观特点　①将巴洛克式宫殿中的壁龛形式，引入到庭园景观之中。②设有新颖别致的水景设施，如水魔术法、水风琴、惊愕喷水、秘密喷水等。③大量使用整形树木，如利用整形树木做成的迷园。④景观造型的线条复杂化，如花坛、水渠、喷泉等的造型及其细部处理都极少用直线而多采用曲线的形式。

意大利波波里花园，由特利波罗（Tribolo）于文艺复兴中期设计，其布局并不完全工整对称，而是依山坡走向在树林中布置了小径和喷泉池水等，颇具自然情趣（图 1–7）。

图 1–7　意大利佛罗伦萨波波里花园

阿尔多布兰迪尼别墅园是在文艺复兴运动末期由建筑师泡塔（G. D. Porta）设计，位于罗马东南部的一个山腰处，始建于 1598 年（图 1–8）。

图 1–8　罗马阿尔多布兰迪尼别墅园

（2）意大利庭园景观特征　①文艺复兴初期，多流行简朴大方的美第奇式景园，并以喷泉或水池作为局部中心。②文艺复兴中期，多流行有明确中轴线的台地式景园，且整体性与技术性较强。③文艺复兴后期，主要流行巴洛克式景园，追求新奇且表现手法夸张，装饰趣味浓重。④庭园景观采用轴对称式布局，并以花坛、泉池、台地为面，以园路、阶梯、瀑布等为线，以小水池、园亭、雕塑等为点。

5. 法国早期的景观设计

（1）法国早期景观类型　在文艺复兴时期，法国开始学习意大利的台地景观艺术，并结合本国的地形、植被等条件，使景观设计得到了发展。在这一时期中，法国的景观种类主要有城堡花园、庄园花园和府邸花园三种类型。

（2）公元 17 世纪法国景观　公元 17 世纪，意大利文艺复兴式的景观风格传入法国，使法国的景观艺术在 17 世纪下半叶就体现出鲜明的特色。其代表作是孚勒维贡府邸花园和凡尔赛宫景园,设计师为安德烈·勒诺特尔。在这一时期中，以法国宫廷花园为代表的景园，被称为勒诺特尔式法国景观（图 1–9）。

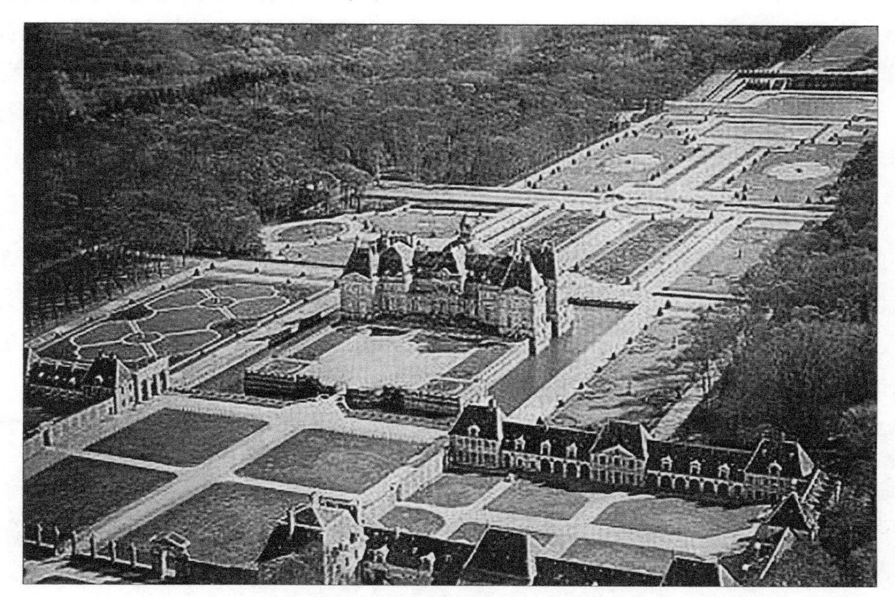

图 1–9　法国巴黎孚勒维贡府邸花园景观

（3）勒诺特尔式法国景观特征　①景观构图以突出府邸为中心，林园既是花园的背景又是花园的延续。②完全体现人工化的特点，追求空间的无限性。③利用平原上湖泊、河流等水系，形成镜面反射效果。④广泛采用阔叶乔木，体现明显的四季变化。⑤花坛色彩追求鲜艳、富丽的装饰效果。⑥将水池、喷泉、雕塑及装饰小品等，布置在路边或交叉路口等处，以引人注目（图 1–10）。

图 1–10　法国巴黎子爵城堡

（4）法国早期景观风格特征 ①在文艺复兴初期，法国庭院景观还保持着中世纪城堡的高墙和壕沟，且景观与建筑之间缺少联系，台地高度也相差不大。②至公元 16 世纪中叶后，府邸景观建筑已不再是不规则的封闭堡垒，而是主次分明、中轴对称的布局形式，并增加了花园的观赏性。③受意大利景园影响，花坛用道路形成中轴对称式布局，并模仿刺绣花边的形式进行装饰造型处理。

（5）法国与意大利早期景观的布局对比 ①法国景园为平面图案式，而意大利庭园为台地建筑式。②二者均为规则式布局，法国景园有平面的铺展感，意大利庭园则有立体的堆积感。③前者利用宽阔的园路来形成贯通的透视效果，并设有大型水渠，可展现出在意大利式庭园中无法感受到的恢弘气势，而后者则须从高处俯瞰才可饱览景色。

6. 英国早期景观设计

在 17 世纪之前，英国景观主要是模仿意大利的别墅园、庄园等设计内容。自 17 世纪 60 年代起，英国又开始模仿法国的凡尔赛宫苑，并将官邸和庄园改建为法国宫苑形式的景观，其人工雕饰成分十分明显，也丧失了自己的优秀传统。如伊丽莎白皇家宫苑、汉普顿园、却特斯园等，均出现在这一仿造时期（图 1–11）。

图 1–11 英国早期的汉普顿园景观

18 世纪，由于英国工商业的不断强大，在景观设计理念上，英国开始吸收中国园林景观、绘画以及欧洲风景画的艺术特色，并探求新的景观表现形式。从 18 世纪 30 年代至 18 世纪 50 年代，为英国“自然风景式”景观风格的形成时期。这一新形式的出现，改变了欧洲由规则式景观布局统治长达千年的历史，对欧洲各国也产生了较大影响。

（1）英国自然风景式景观类型 英国自然风景式景观的主要类型包括：①宫苑景观，如邱园。②别墅庄园景观，如斯陀园。③府邸花园景观，如霍华德庄园等。

（2）英国自然风景式景园代表人物 英国自然风景式景观设计的代表人物为：兰斯洛特 · 布朗、查尔斯 · 布里奇曼、威廉 · 肯特、胡弗莱 · 雷普顿、威廉 · 坦普尔和威廉 · 钱伯斯等。

（3）谢菲尔德园 谢菲尔德园，位于伦敦附近，建成于 18 世纪下半叶，由兰斯洛特 · 布朗设计。谢菲尔德园的设计风格为自然风景式景观，中心由两个湖组成，岸边种植适合沼泽地生长的柏树，并配有其他多种花木，具有植物园景观的特色（图 1–12）。

图 1-12 英国南约克郡谢菲尔德公园景观

（4）布朗式风景园的特点 ①完全取消花园与林园的区别，将自然起伏的草地作为景观主体，且在建筑物前不设平台。②善于使用成片的树林来遮挡边界。③常以湖泊作为景园中心，重视水的作用。④极度追求纯净，在景园里不允许有村庄和农舍，也不允许主建筑物周围有菜园、下房等出现。

（二）中国早期景观设计

中国早期的景观设计历史悠久，大约从公元前 11 世纪的奴隶社会末期开始，一直到 19 世纪末为止。在这 3000 余年的漫长发展过程中，中国早期景观设计形成了世界上独树一帜的东方景观体系。

1. 中国早期景观设计特征

（1）本于自然而高于自然；

（2）建筑美与自然美的融揉；

（3）诗画的情趣；

（4）意境的蕴涵。

2. 中国早期景观设计的五个发展阶段

中国的早期景观设计发展历程，为殷末周初时期开始至 1840 年止，可分为生成期、转折期、全盛期、成熟前期、成熟后期这五个发展阶段。现就此分别来做一下简要的介绍。

（1）生成期 出现于先秦和两汉时期，表现特征为：①景观活动的主流是皇家景园（图 1-13）。②“囿”为狩猎之用，“台”为通神之用，这是中国古典景园最早具备的两个功能。在生成末期，景观功能开始逐渐转化为游息与观赏为主。③由于山川崇拜和帝王的封禅活动，自然山川更成为人们心目中的崇拜对象。

图 1-13 汉武帝时期建章宫复原图（建于公元前 104 年）

（2）转折期　出现于魏晋时期，共发生了四个方面的转折，即社会转折、景观审美转折、景观类型转折和景观艺术转折，现分述如下。

①社会转折　由于景观建设活动参与群体范围的扩大，尤其是知识分子阶层的加入，使人们对自然山水的简单崇拜，转向了成熟的系统认识阶段。

②景观审美转折　由于时局变化，使皇家或贵族景园的建造被消减和弱化，而转向更有意识的景观建造活动，其审美形式也从原有的粗放型转变为较细腻且注重人的心理感受的类型。景观设计的理念也从模仿自然朝着抽象表现自然的方向发展，使景观活动实现了艺术审美的转向。

③景观类型转折　士族地位的提高和豪强的出现，使得景观建造活动的主体从皇宫进入到了民间，私家景园开始异军突起，从而完成了景观类型的重大转折。

④景观艺术转折　在魏晋时期，山水艺术得到发展，出现了独立的山水画及山水诗文，虽比较简单，却形成了景观艺术欣赏的一种转向。

（3）全盛期　出现于隋唐时期，已有的各种景观类型都得到了发展。在这一阶段中，中国的早期景观设计得到全面发展。

（4）成熟前期　形成于两宋至清初期，各类景园精品层出不穷。在这一阶段中，中国的早期景观设计开始进入成熟期。

（5）成熟后期　是指从清中期至清末期。在这一阶段中，中国对景观理论的探索停滞不前，创作质量也逐步下降，西方的景观设计开始被引入中国。同时，中国的早期景观设计也对西方产生了很大影响。

3. 魏晋时期景观设计特点

魏晋时期是中国早期景观设计的一个转折期，在景观类型、审美及表现手法上，均出现了重大转变，为景观发展全盛期的到来也打下了坚实基础。在甘肃省天水市的麦积山石窟壁画中，绘制了有关西魏时期宫殿的景象（图 1-14）。

图 1-14　西魏时期宫殿的景象图

魏晋时期的景观设计特点主要包括以下几点。

（1）在类型方面　皇家园林、私家园林、寺观园林景观全部出现。

（2）在艺术风格方面　由原有审美形式上的粗放型转向体现人们内心情感的细腻型，并体现出清新自然的审美情调。

（3）在景观思想和表现手法上　从简单的模仿自然，转向抽象表现自然，初步形成了“本于自然，高于自然”和“建筑美与自然美融揉”两大特色。

（4）在总体布局上　皇家景观开始被纳入到城市规划之中，成为都城营建的重要组成部分，并与私家景园的自然美相互结合。

（5）在功能方面　对狩猎、通神、求仙的功能要求基本消失，或者仅仅保留其象征意义，游赏功能已成为景观建设的主导方向。

4. 隋唐时期景观设计特点

隋唐时期是中国早期景观设计发展的全盛期。唐朝的大明宫（原名永安宫，建于公元634年，毁于公元896年）是国家的政治中心和象征，占地约350公顷，其面积为明清时期北京紫禁城的4.5倍（图1-15）。

图 1-15　唐代大明宫复原图

隋唐时期的景观设计特点主要包括以下几点。

（1）私家景园、城市私园、郊野别墅园（辋川别业）、文人景园等开始萌芽。

（2）皇家、私家和寺观景观开始并行发展。

（3）皇家景观的“皇家气派”已经形成，且规模宏大、类型多样，其总体布局和局部设计都达到了一定水平。

（4）私家景园的艺术性进一步升华，山水画、山水诗文和山水景观相互渗透，中国早期景观“诗画的情趣”开始形成。

（5）随着宗教的普及化，寺观遍及到城市和郊野，城市寺观景园成为公共景观。

5. 两宋至清初期景观设计特点

从两宋至清初期，正处于中国早期景观设计发展阶段上的成熟前期。苏州的网师园是极具艺术特色和文化价值的中型古典山水宅园代表作，始建于公元 1174 年（图 1–16）。

图 1–16　苏州网师园景观

圆明园(始建于 1709 年)是清代著名的皇家园林之一，由圆明园、畅春园和万春园组成，占地面积约 350 公顷，建筑面积达 16 万平方米（图 1–17）。

图 1–17　圆明园局部复原图（西洋楼与十二生肖大水法）

两宋至清初时期的景观设计特点主要包括以下几点。

（1）在建筑艺术方面，宋代建筑继承了唐代的形式，但从单体或群体建筑上来看，却没有唐代的那种宏伟刚健的气度，而是变得更为秀丽和富有变化。

（2）景观建筑和小品更注重与自然环境融合。景观设计完成了由写诗向写意的转化，对“写意山水园”的塑造到宋代得以最终完成。

（3）佛寺景观由世俗化转向文人化，并体现出清新、雅致和富有文化内涵的特点。

（4）文人景园的艺术境界达到最高峰，并成为这一时期的成熟标志之一。

6. 清中期至清末景观设计特点

从清中期至清末，为中国早期景观设计发展阶段上的成熟后期。

清中期至清末的景观设计特点主要包括以下几点。

（1）在艺术表现方面，墨守成规多于创新，并过分受到市民趣味的影响，表现为追求纤巧琐细、形式主义和程式化的倾向，呈现了逐渐停滞、盛极而衰的趋势。

（2）皇家景园建设的规模之大、内容之丰富都是中国历史上罕见的。

（3）在私家景园设计上并无新意，但建筑比例相对提高，山石用量也相对增加，使自然风景园的气氛有所削弱，并形成了江南、北方、岭南私家景园的地方特色。

（4）宫廷和民间的景园建造活动频繁，景观功能已由赏心悦目、陶冶性情为主的游憩场所，转化为多功能的活动中心。

（5）景观理论研究停滞不前，中西方景观文化开始有所交流。

二、近代景观设计

1840年为近代景观设计发展的开端。近代景观设计，应属于工业社会的景观发展阶段。至20世纪初，自然征服型工业社会的不利后果也导致了地球环境的急剧恶化，人类在创造便利和富裕生活的同时，也破坏了赖以生存的自然环境。因此，在近代景观设计中，开始出现了如城市公园、城市绿地系统、田园城市等新的景观类型。

近代景观设计与发展，包括景观设计思想的变革与城市公园运动的兴起，以及城市绿地系统理念的建立等方面的内容，现做一下简要介绍。

（一）景观设计思想的变革和城市公园运动的兴起

19世纪初，英国人开始踏出国门，并引进了大量的国外植物品种，从此便渐渐地淡化了伤感主义的庭院景观设计思想，极力营造各种自然环境以适应外来植物的生长。在19世纪初，英国伦敦市的皇家大猎苑——海德公园开始向市民开放（图1-18）。在这种民主主义思想的感召下，一种新型的城市景观表现形式，即自然风景式景观便在英国的城市建设中大范围形成。到后来，这种自然风景式城市景观的设计思想也被法、德等西方国家所接受。

图 1-18 英国皇家海德公园

（二）建立城市绿地系统理念

在 1856 年，美国纽约中央公园开始建设时，就有一些学者提出城市绿地系统的概念。在 1892 年，美国开始着手编制城市绿地系统规划方案，并提出将公园、滨河绿地、林荫道路等景观进行相互连接的建议。这标志着景观设计理念已从孤立的场地认识，迈向了城市绿地系统的新高度。这一个划时代的景观设计思想上的观念转变，对后来景观设计的发展也起到了巨大推动作用。

（三）西方的近代景观设计

1. 新型景观的诞生

18 世纪后期至 19 世纪初期，由于英国、比利时、法国、德国、美国等西方国家的经济得到快速发展，城市建设开始勃兴，城市面貌也发生改变，并赋予景观设计以全新的概念。从此，城市公园、动物园、植物园、国家公园、公共绿地等景观新类型开始出现。

2. 西方近代景观设计主要特征

西方近代景观设计的主要特征包括以下几点。

（1）在继承本国优秀景观文化的同时，改造历史遗留景观，以改善城市环境、满足公众游憩和娱乐等需要为主导方向。

（2）植物引进、植物园建设及植物景观配置成为主要发展趋势。

3. 英国城市公园

英国在对市民开放的皇家景园中，以伦敦的肯辛顿园、海德公园、绿园、圣·杰姆士园，以及摄政公园（图 1-19、图 1-20）等景观改造最为著名，它们的位置几乎可连成一片，并占据着市区中心最重要的地段，总面积达 480 多公顷。

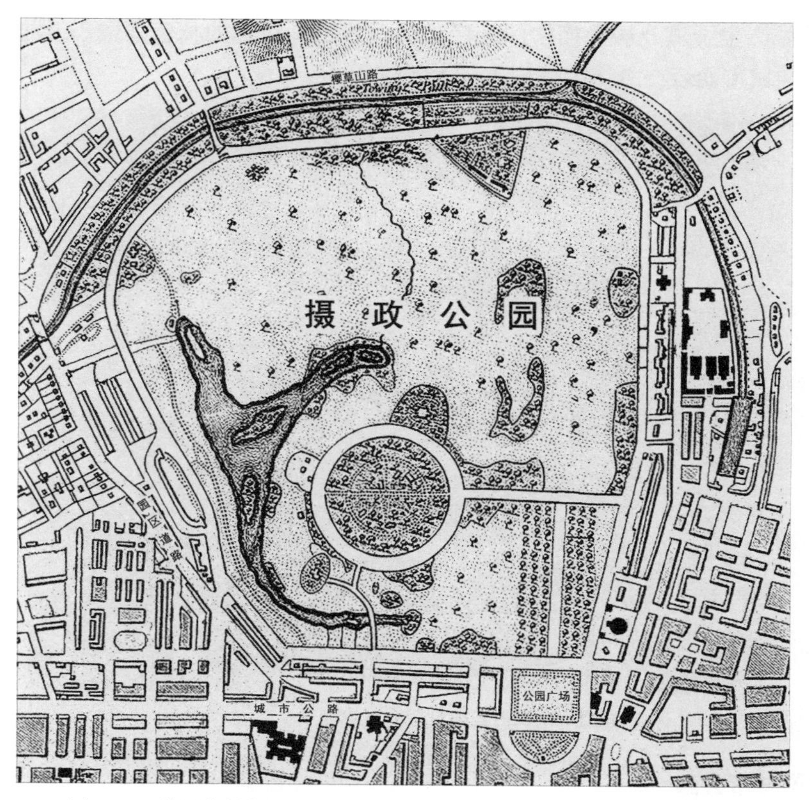

图 1-19　英国伦敦市摄政公园平面图（建于 1812 年，1838 年对外开放）

图 1-20　英国伦敦市摄政公园景观

4. 法国城市公园

在 19 世纪初，法国巴黎首先着手整治布劳涅林苑和樊尚林苑，然后在巴黎市内又相继建造了蒙梭公园、肖蒙山丘公园（图 1-21）、蒙苏里公园，以及巴加特尔公园等公共景观。

此外，在沿城市主干道及居民拥挤的地区，又设置了开放式的林荫道或小游园。这些措施使法国巴黎的城市面貌在总体上得到了很大的改观。

图 1-21　法国巴黎市肖蒙山丘公园（建于 1867 年）

5. 德国城市公园

1824 年，德国的小城马克德堡建立了当时最早的城市公园。后来，受英、法等国家城市公园建设理念的影响，德国又将皇家狩猎园和蒂尔加滕公园向市民开放。与此同时，德国在柏林也修建了弗里德里希公园，1840 年又改建了蒂尔加滕公园，并在此设置了新型的林荫道、水池、雕塑、绿色小屋和迷园等景观设施（图 1-22）。

图 1-22　德国柏林市蒂尔加滕公园（建于 1840 年）

6. 美国城市公园

美国纽约市中央公园（图1–23），始建于1856年，由美国景观的奠基人弗雷德里克·劳·奥姆斯特德设计。其景观设计的主要特点包括以下几点。

图 1–23 美国纽约中央公园

（1）把公园和城市绿地纳入到同一个系统来进行考虑，既改善了城市中心的环境，又丰富了市民的参与活动。

（2）为保护自然生态，公园的总体设计为自然式布局，并利用原有地形地貌和当地树种进行开池植树。

（3）在公园中设有大型草坪，景观视野开阔，游人可以观赏到不断变化的开敞空间。

（4）在公园与城市建筑的分界处种植大量乔、灌木，使景观感受更为自然和人性化。

（5）公园内的道路设置为曲线式，且能够相互贯通，具有游览、休闲选择的随机性。

（四）中国近代景观设计

中国的近代景观设计时期，是从 1840 年鸦片战争开始，至中华人民共和国成立之前结果。在鸦片战争，特别是辛亥革命以后，中国的景观设计历史开始步入到一个新的发展阶段。

自 1840 年起，公益性的景观概念进入中国，这也促使了以往封闭和独占式的皇家、私家景园等场所向“公园”形态转变。

公园的建立是中国近代景观设计发展阶段上的一个主要标志。在这期间，中国的公园建设主要包括三种形式。

其一，多国列强在租界内建立的公园，包括上海的外滩花园（现黄埔公园，建于1868年）、法国公园（现复兴公园，建于 1908 年），天津原英国租借地的维多利亚公园（图 1–24）、法国公园（现中山公园，建于 1917 年）等。

图 1–24　天津原英租界的维多利亚公园（建于 1887 年，现为解放北园）

其二，中国自建的公园，包括无锡的锡金公园（现城中公园，建于 1905 年）、成都的少城公园（现人民公园，建于 1911 年）、南京的玄武湖公园（原为六朝时期的皇家园林，1911 年辟为公园）等。在中国自建的公园中，除无锡的锡金公园为当地商人集资营建外，其他的公园建设均为清朝地方当局出资。

其三，在辛亥革命后，北京的皇家苑囿和坛庙开始陆续向民众开放，其中有 1914 年开放的中央公园（现中山公园，原为明清两代的社稷坛）、1924 年开放的颐和园、1925 年开放的北海公园（原为辽、金、元时期的离宫）等。截至抗日战争前，中国已建有公园数百座。

此外，在中国近代公园出现的同时，中国的一些军阀、官僚、地主和资本家等，仍在建造私家景园，如府邸、墓园、避暑别墅等，其建造风格多为仿西式或中西混合的形式。

三、现代景观设计

现代景观设计，是对早期和近代景观设计的继承和发展，是一种源于自然的、为满足人类需求而进行的总体环境规划，具有时代性、地域性和民族性的特征（图 1–25）。

图 1–25　中国的现代庭院景观

同以往的景观设计发展阶段相比，现代景观设计具有以下几个共同特征。

（1）提倡资源的合理开发与环境保护；

（2）追求景观的文化品位，强调景观的精神功能；

（3）将景观规划与城市规划和环境规划相结合；

（4）景观的开放性与公众参与意识增强；

（5）传统景观与现代景观相互融合。

（一）西方现代景观设计发展过程

自 20 世纪初，西方的一些发达国家，就已经从近百年来的近代景观设计阶段，开始进入到现代景观设计的发展阶段。从西方现代景观设计的总体发展情况来看，可将其大致分成三个时期，即徘徊时期、萌芽时期和成熟时期，现在就来分别介绍一下。

1. 徘徊时期

西方经过了 18 世纪在景观设计思想上的巨大变革，特别是英国自然风景式景观的出现，以及 1840 年后城市公园运动的兴起，使西方的景观设计逐渐摆脱了以往的刻板模式，从此变得愈加丰富和充满活力。然而，若从景观艺术的具体表现形式上讲，西方现代景观设计在徘徊期中尚无任何创新，仍停留在以往的景观模式和折衷主义的混合式景观风格上。在此时期出现的景观设计作品及艺术思潮等，都还停滞于近代的景观设计阶段而徘徊不定。

2. 萌芽时期

从 19 世纪下半叶至 20 世纪初，由于英国“工艺美术运动”出现并影响到欧洲各国，欧洲也发生了一次极为广泛的“新艺术运动”。欧洲“新艺术运动”的主要观点包括反对传统模式，强调装饰效果，并以此来改变由于大工业生产而造成的产品加工粗糙和设计形式刻板等内容。出现在萌芽时期的景观设计作品，虽然今天我们见到的并不多，但对整个西方现代景观设计的发展却影响较大，如高迪设计的雷比斯庭院、巴塞罗那的居埃尔公园等（图 1–26）。

图 1–26　西班牙巴塞罗那居埃尔公园（建于 1900 年）

3. 成熟时期

20 世纪初，西方现代的景观设计理念和风格开始逐步形成。起初，美国进行了景观设计上的尝试，如 1939 年在纽约世界博览会上所作的部分庭院设计，便是现代景观设计在成熟期时的初次亮相（图 1–27）。

图 1–27 美国纽约世界博览会鸟瞰图及局部景观

西方的现代景观设计，在其形成后的数十年中便取得了较大的进步，其设计风格也呈现出丰富的变化。在成熟期中脱颖而出的设计师及作品较多，如美国设计师劳伦斯·哈普林设计的伊拉·凯勒水景广场（图 1–28）、讲演堂前庭广场、西雅图高速公路公园、旧金山庭院、爱悦广场、柏蒂格罗夫公园、曼哈顿广场公园等，美国设计师彼得·沃克设计的美国得克萨斯州福特沃思市伯奈特公园（图 1–29），具有法国、瑞士及美国国籍的伯纳德·屈米设计的法国巴黎拉维莱特公园（图 1–30），美籍华人贝聿铭设计的在法国卢浮宫广场上的玻璃金字塔（图 1–31），德国设计师彼德·拉兹设计的后工业景观代表作，德国杜伊斯堡北部风景公园（图 1–32）等。

图 1–28 美国波特兰大市伊拉·凯勒水景广场（建于 1970 年）

图 1-29 美国得克萨斯州福特沃思市伯奈特公园（建于 1983 年）

图 1-30 法国巴黎拉维莱特公园（建于 1987 年）

图 1–31 法国卢浮宫庭院喷水池及金字塔（建于 1989 年）

图 1–32 德国杜伊斯堡北部风景公园（建于 1990 年）

（二）中国现代景观设计发展过程

景观设计始终是伴随着社会的进步而不断发展，新中国成立以后，中国才开始逐步进入到现代景观设计的发展阶段。中国的现代景观设计发展，大致经历了五个时期，即恢复时期、调整时期、损坏时期、建设时期和前进时期，现在就分别来说一说。

1. 恢复时期

1949 ~ 1959 年，即新中国成立之初，因经济条件的不足，在城市建设中很少有新建的景观项目，而只是把新中国成立前的仅供少数人享乐的场所，逐步改造成为可供人们进行娱乐、游览、休闲的公园（图 1–33）。随着中国经济的不断恢复和 1953 年国民经济第一个五年计划的施行，城市景观建设才由最初的恢复时期逐渐转为有计划地向前发展。在当时看来，中国的城市景观建设也取得了一定的成绩，如在许多城市中开始新建公园、绿化街道、绿化工厂、绿化学校、扩建苗圃等。

图 1–33　20 世纪 50 年代的北京天安门街景

2. 调整时期

1960 ~ 1965 年，为中国现代景观设计发展过程中的调整时期。由于这一时期中国遭受到多年的严重自然灾害以及不利的国际环境等影响，中国的景观建设几乎处于停滞状态，甚至在有些城市中还出现了将公园农场化和林场化的发展势头。

3. 损坏时期

1966 ~ 1976 年，在中国的“文化大革命”期间，一些人借口以反对“封”“资”“修”和破除“四旧”等名义，对全国的景观及园林绿化，尤其是存留下来的历史景观等都进行了极为严重的破坏。

4. 建设时期

1977 ~ 1989 年，由于党中央制定出一系列的方针政策，并将景观绿化事业提高到两个文明建设的高度来抓，景观设计与建设又重获新生。1978 年，国家建委首次提出了关于城市景观绿化的规划指标，即新建城市的绿地面积不得低于用地总面积的 30%，旧城区改造所保留的绿地面积应不低于占地总面积的 25%；城市绿化覆盖率，近期应达到 30%，远期应达到 50%。从此，中国现代的景观建设才开始步入一个崭新的发展时期（图 1–34）。

图 1–34 20 世纪 80 年代上海市徐家汇的街道景观

5. 前进时期

1990 年至 21 世纪初，中国的现代景观设计无论在发展速度上，还是在艺术表现形式上，比先前的四个时期都有了较大的进步（图 1–35 ~ 图 1–37）。

在中国现代景观设计的前进时期，主要有以下几个方面的突出表现。

（1）城市开发的进程与景观建设的规模不断扩大；

（2）关注景观规划与布局的合理性，开始引入生态规划的思想；

（3）吸取国外先进的城市规划理念，将景观设计、公共艺术和城市规划三者融为一体；

（4）建立了比较完整的景观理论体系，进一步完善了景观建设的法律与法规。

图 1–35 1995 年上海外滩街道景观

图 1–36　20 世纪 90 年代北京朝阳公园附近园林景观式住宅

图 1–37　1997 年建设的深圳市华侨城 OCT 生态广场

四、生态景观设计

自 21 世纪以来，为中国的生态景观设计发展阶段，比西方发达国家晚了约半个世纪。

（一）城市生态景观的主要标志

城市景观属于一种生态系统，它包含多种构成要素，要素间相互作用而形成具有地域特色的人居环境。通常来讲，一个良好的城市人居环境，其生态景观应具有以下特性。

1. 和谐性

和谐性为城市生态景观建设的核心内容，是指景观结构与功能、内部环境与外部环境、形象与内涵、客观实体与主观感受、物理联系与生态关系的和谐程度。应做到将自然景观融于城市，使人与自然共生，让人能够回归自然、贴近自然。

2. 整体性

生态城市是兼顾不同时间、空间的人类住区。应合理配置景观资源，并兼顾社会、经济和环境三者的整体效益。同时，还要使景观建设具有地理、水文、生态系统、文化传统等方面的时空连续性。要达到各景观构成要素的完整性和一致性，并促进人类与自然系统的全面、协调发展。

3. 多样性

多样性是指生物圈特有的生态现象，应体现出景观、生态系统、物种、社会、产业及文化等各方面的多样性。城市生态景观改变了一般工业城市的单一性和专业化或理性化的分割，它对原有各要素进行多样性的重组。生态景观的多样性，不仅包括生物多样性，还包括文化多样性、功能多样性、空间多样性、建筑多样性、交通多样性、选择多样性等更广泛的内容。城市生态景观的多样性体现，可使不同地域的景观建设均具有突出的个性化特征。

4. 畅达性

城市作为一个复杂的生态系统，不论在系统的内部，还是在系统的内部与外部之间，都存在着大量的物质、能量及信息的流动。一个和谐的城市生态景观，应体现在城市内部与外部系统之间，其物质、能量、信息的交换，要达到顺利通畅。

5. 安全性

一个优良的城市生态景观，应在气候条件、地形地势、资源供给、环境健康以及人类的生理和心理影响上，均能提供较强的安全性，并为城市中的人类、动物、植物及微生物等营造一个安宁祥和的最佳环境。

6. 可持续性

一个较好的城市生态景观系统，应具有较强的自行组织和调节机能，同时还要具有较高的生态效益和社会效益，从而才能实现城市生态景观的健康、协调和可持续发展（图 1–38）。

图 1–38　城市生态景观的可持续发展因素

（二）西方的生态景观设计

西方的发达国家，在 20 世纪 40 年代至 20 世纪 80 年代初，就形成了关于“景观生态学”的基本理论。早在 20 世纪 60 年代，美国劳伦斯・哈普林联合公司就已经开始尝试有关生态景观规划的设计方法。

从 20 世纪后半叶开始，西方发达国家就进入到了生态景观设计的发展阶段，在这一阶段之前，虽也有过这方面的尝试，却始终未能形成比较完善的理论体系，如出现于 1858 年西方近代景观设计发展阶段中的美国纽约中央公园。

在西方国家中，人们对生态景观设计做出了许多较为深入的研究和实践，其中涌现出几种学术思想和代表人物，下面就对此来做一下简要介绍。

1. 伊恩・伦诺克斯・麦克哈格

伊恩・伦诺克斯・麦克哈格（Ian Lennox McHarg,1920—2001），是英国著名的景观设计师，其代表思想与成就包括以下几点。

（1）主张生态规划思想，强调土地的适应性，并完善了以分层分析和地图叠加技术为核心的规划方法论。

（2）将景观规划提高到了一个科学的高度，这是景观规划史上最重要的一次革命。

（3）麦克哈格，被认为是继美国景观设计之父奥姆斯特德（纽约中央公园的设计者）之后，最著名的景观设计师和规划师。

当然，麦克哈格的理论成就也有其缺陷，举例如下。

（1）理论上唯环境论，坚信自然的决定作用，而规划师的能动性被忽略。

（2）方法上唯技术论，认为规划是完全理性的过程，然而数据的可靠性不能保证。

（3）存在生态科学基础的局限性，研究上仅限于垂直方向而缺乏对水平过程的关注。

2. 弗雷德里克・劳・奥姆斯特德

弗雷德里克・劳・奥姆斯特德（Frederic K Law Olmsted,1822—1903），是美国 19 世纪

下半叶最著名的规划师和景观设计师，其代表思想与主要成就包括以下几点。

（1）受英国田园与乡村风景的影响甚深，英国风景式景园的两大要素，即田园牧歌和优美如画的风格都为他所用，前者成为他公园设计的基本模式，后者用来增强大自然的神秘与丰裕。

（2）1858 年设计美国纽约中央公园（图 1–39）。

图 1–39 美国纽约中央公园

3. 帕特里克·盖迪斯

帕特里克·盖迪斯（Patrick Geddes,1854—1932），是苏格兰植物学家、人文主义规划大师及西方区域综合研究和区域规划的创始人，其代表思想与成就包括以下几点。

（1）特别强调和注重保护地方特色，认为每一个地方都有一个真正的个性，这个个性也许深深熟睡，规划师的任务就是把它唤醒。

（2）提出区域规划理论，体现了人本主义的规划思想，这种思想超越了城市的界限分析模式和区域的经济背景，把自然地域作为规划的基本骨架，强调“按照事物的本来面貌去认识它，按事物的应有面貌去创造它”。

（3）提出了“调查—分析—规划”的城市规划方法，在目前仍被视为城市规划的一般程序。

4. 乔治·哈格里夫斯

乔治·哈格里夫斯（George Hargreaves,1952— ），是美国景观大师，被称为风景诗人，其代表思想与成就包括以下几点。

（1）在自然的物质性和人的内心世界深处之间架起了一座桥梁，从而使我们对风景的精神有了更为深刻的认识。

（2）在设计中充满了诗意的风景、各种各样的互动性及隐喻，使参与者惊醒，并深受感动。

（3）认为景观设计应该首先把艺术放在第一位，艺术是景观之灵魂。

（4）从全球的角度来看，是拓展当代景观艺术的杰出代表之一。

（5）主要作品有圣何塞广场公园、拜斯比公园、哥德鲁普河公园、辛辛那提大学总体规划、烛台角文化公园、澳大利亚的悉尼奥运会公共区域等景观设计等（图 1–40~图 1–43）。

图 1–40　美国加利福尼亚州圣何塞广场公园

图 1–41　美国加利福尼亚州拜斯比公园

图 1–42　美国加利福尼亚州瓜达卢普河公园

图 1–43　美国俄亥俄州辛辛那提大学园路景观

（三）中国的生态景观设计

自 21 世纪以来，出于多种方面的原因，中国在生态环境的保护方面出现了许多问题，导致目前的水污染、空气污染、雾霾等环境问题的不断加剧，使人们开始更加重视城市景观建设中的生态理念。

相对于国际上景观生态学研究而言，我国景观生态学的发展历史还很短暂。从 20 世纪 80 年代初期开始，我国的学术刊物上才正式出现了一些关于景观生态学方面的文章。

在生态景观设计的发展阶段上，中国的许多城市都在大搞城市建设，其发展的规模及速度都十分突出。同时，中国城市化规模的不断扩大导致了人们有关生活方式上的巨大变革，人们在关注生存空间和资源条件的同时，将对城市的生态环境提出更多新的要求，也会由封闭型或内向型逐步向着开敞型及外向型发生转变。

综上所述，学习景观设计的发展历史，其目的是让我们能在不同的发展阶段上看清问题的本质，并更清醒地认识到景观设计今后的发展方向。从发展的角度来看，景观设计必须具有生态规划的理念，同时还要通过大量的现场调查和数据分析，根据不同地域、文化、环境的现实要求，有针对性地处理好人——景观——环境三者之间内在与外在的必然联系，并使其协调一致，适应可持续发展的客观要求。

第三节　景观设计的学科定位

景观设计属于人文学科，它的研究范围极为广泛，可涵盖自然、社会、科学、现代科技、文化、艺术等诸多学术领域（图 1–44）。

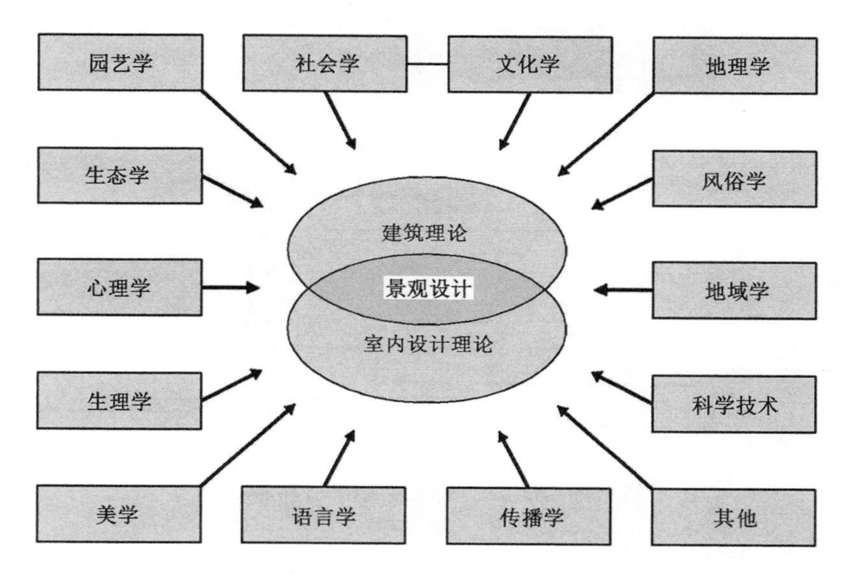

图 1–44　景观设计所涉及的相关学科

一、景观设计的学科定义

景观设计专业，是在传统的城市规划、建筑学、园林学和市政工程学等学科基础上形成和发展起来的一门新兴学科。景观设计是物质、精神及社会文明发展到一定历史阶段的必然产物。我们今天所要研究的景观设计，既是一个门有着悠久历史传承的古老学科，又是一门具有时代性并被我们刚刚开始认识不久的新兴学科。

二、景观设计的学科定位

从景观设计所涉及的范围及相关学科来看，景观设计不仅是一门涉及范围极其广泛的新兴学科，同时也是一门内容比较错综复杂的边缘性学科。景观设计可与多门学科之间产生交叉关系，并相互制约和影响。景观设计是一个综合性很强的学科，任何一门单一的学科都无法取代景观设计，如目前的城市规划学、建筑学、园林学、生态学、美学、艺术学等等。因此，要想学好景观设计，还必须掌握一些其他相关学科的理论知识，只有艺术理论及修养是远远不够的。

三、景观设计与其他相关学科的关系

景观设计与其他相关学科的联系均十分紧密。在景观设计中，城市规划、建筑设计、园林设计、市政工程等学科的知识都是我们必须了解的重点内容。其目的是全方位、多角度地认识景观环境，从而增强景观设计的科学性和实践能力。现对景观设计与其他主要相关学科的关系，分别来做一下简要介绍（图 1–45）。

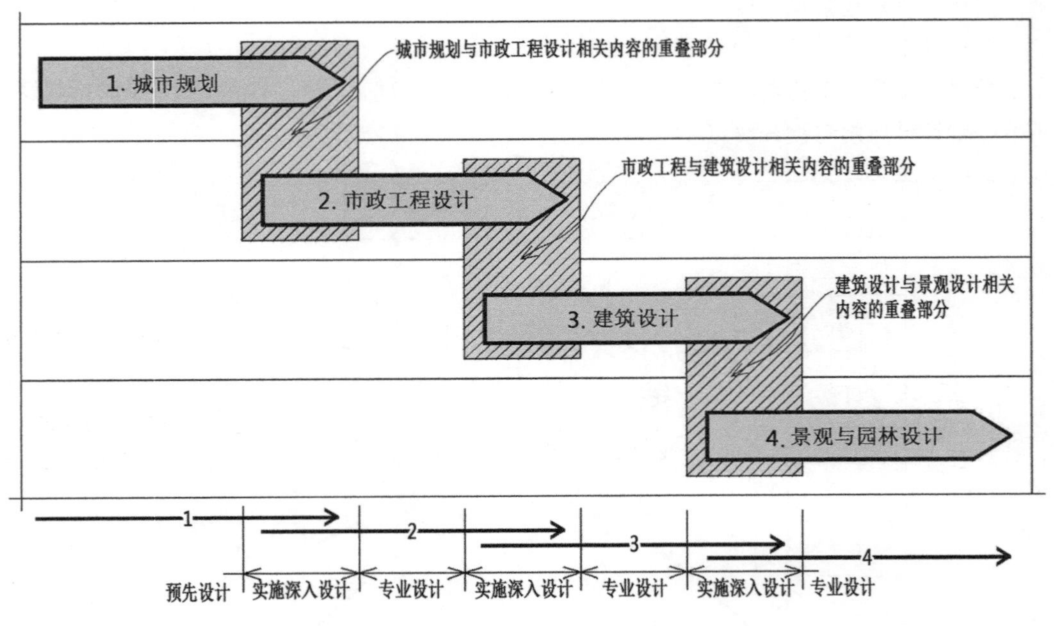

图 1–45 景观设计与其他主要相关学科的关系

1. 景观设计与城市规划

景观设计是根据城市规划要求，通过物质与工程技术手段来进行充实和完善的建设过程，而城市规划则更加注重社会经济、长远发展、环境保护，以及城市生态系统之间的相互关系；城市规划是从一种宏观的角度上来研究城市发展，而景观设计则是从中观的层面上探讨城市中某一具体的物质空间。

2. 景观设计与建筑设计

与建筑设计相比，景观设计有些偏重于对城市空间中精神功能和艺术价值的追求，而建筑设计则更加注重施工技术和使用功能的完善。尽管建筑设计也强调精神文化，也研究艺术与技术的完美结合，但建筑设计的最基本出发点，还是侧重于建筑的使用功能以及工程技术等方面的落实和应用。景观设计与建筑设计之间，是相互配合与共同促进的关系，两者缺一不可。

3. 景观设计与园林设计

传统的园林设计，是将自然与人工环境相结合的一种表现形式。景观设计虽然是一门新兴的学科，但一般认为园林设计是景观设计的早期形态。与园林设计相比，景观设计更注重对城市的美化和艺术表现，而园林设计则更偏重于对园艺技术的应用。景观设计与园林设计之间，也是一种相辅相成的协作关系，两者密不可分（图 1–46）。

图 1–46　景观与园林设计

4. 景观设计与市政工程设计

市政工程设计，是指市政设施的设计与建设。中国的市政设施，包括城市规划建设范围内设置或基于政府责任和义务的以及为居民提供有偿或无偿公共产品和服务的各种建筑物、构筑物及设备，如城市道路、桥梁、地铁等公共基础设施，又如雨水、污水、自来水、中水、电力、电信、热力、燃气等管线，都属于市政设施的范畴。因此，不难看出，景观设计与市政工程设计之间，也是一种相互配合、共同促进的协作关系。

思考题与习题

1. 景观的专业定义是什么？
2. 简述景观设计的概念。
3. 景观设计发展至今，经历了哪四个不同的发展阶段，其中每个阶段的发展特点有何不同？
4. 大量收集国内外的城市景观图像，并按你已掌握的知识进行有关发展阶段的分类。
5. 从审美意识上来看，中西方的早期景观设计有何区别？
6. 在景观设计中，怎样理解中国传统园林的朴素观念？
7. 目前的生态景观设计理念与以往有何不同？
8. 为什么说景观设计既是一个门古老学科，同时又是一门新兴学科？
9. 如何理解景观设计的学科特点？
10. 你对景观设计专业是如何理解的？
11. 景观设计与园林设计有何区别及联系？
12. 景观设计与建筑设计之间有何联系？试简要说明。
13. 景观设计与市政工程设计有何联系？

第二章
景观设计三大体系的形成

学习目标及基本要求：

明确景观设计三大体系的本质和基本特征，了解景观设计三大体系的基本表现形式及相关内容；理解不同体系之间的思想理念、布局形式以及设计风格等方面的区别；掌握三大景观设计体系的认识方法，能够灵活运用所学知识进行已有景观设计作品的判断和分析。

学习内容的重点与难点：

重点是对景观设计三大体系的理解，应因地制宜，根据各地域的人文特点、民族特征、审美需求等方面进行景观设计风格的体现。难点是如何将景观三大体系的认识及理解应用于设计实践。

从体现民族特色和尊重传统的意义上讲，景观设计的风格与特征在经过长期的历史发展及演变后，至今已形成了各具特色的东方（中国）、西亚（伊斯兰）、欧洲三大景观设计体系（图 2–1）。

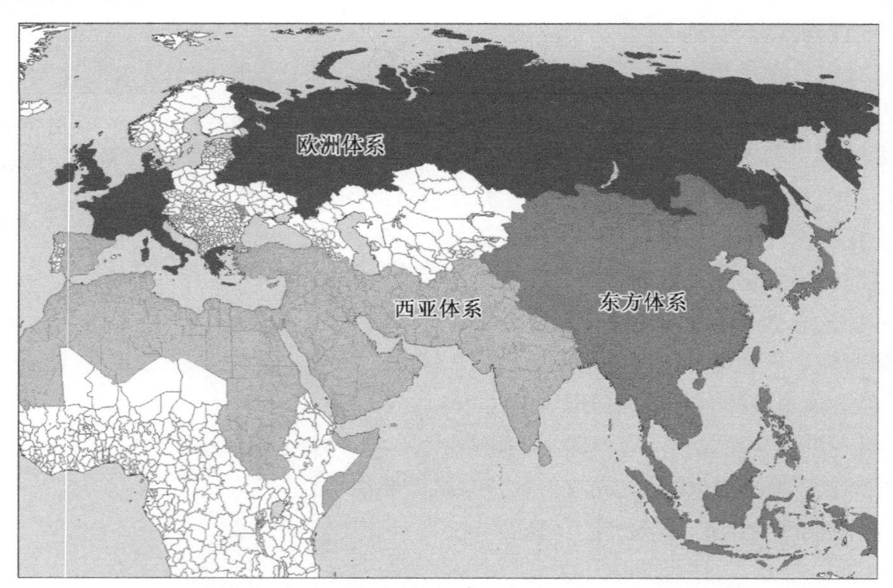

图 2–1　景观设计三大体系主要区域分布图

东方景观体系，以中国为代表，对日本、朝鲜及东南亚等国家影响较大。东方景观体系主要以自然山水和植物、人工山水和植物与建筑相结合的艺术表现形式为特色（图 2–2）。

图 2–2　中国私家园林拙政园

西亚景观体系，以现在阿拉伯地区的伊拉克、埃及、叙利亚，以及土耳其和伊朗等国家为代表，主要以花园景观和教堂景观的艺术表现形式为特色（图 2–3）。

图 2–3　土耳其伊斯坦布尔圣索菲亚大教堂

欧洲景观体系，以意大利、法国、英国、俄罗斯等国家为代表，虽然这些国家的景观设计风格各具特点，但它们的布局形式基本相似，都是采用以规则式布局为主、自然景物为辅的艺术表现形式（图 2–4）。

图 2–4 法国巴黎凡尔赛宫花园

第一节 东方景观体系

东方景观体系以中国为代表，包括日本、朝鲜及东南亚等国家。其显著特点是以中国传统园林的设计理念为基础，以自省、含蓄、蕴藉、内秀、恬静、淡泊、循矩、守拙为美，并运用自然式布局和物象写意的造景手法，极富诗情画意与深远意境，重在体现情感与领悟。

东方景观体系的表现形式，讲究在依山傍水之地修建亭台楼阁、水榭藤架、石凳石桌、小桥人家，或高山流水，或曲径通幽，给人以超凡脱俗的景观意境，并通过景园中的山石嶙峋、清流索绕、古木参天、竹影婆娑、水波粼粼、林木森森、以小见大等表现手法，塑造富有咫尺山林、移步异景、隔窗望景的游赏情趣。现将东方景观体系中，中国和日本的传统景观风格与特征做一下简要的介绍。

一、中国传统景观的表现风格与特征

中国传统景观主要包括皇家景观、私家景观、寺观景观三种基本类型。其中，皇家景观规模宏大、建筑富丽，体现皇权象征的寓意；私家景观具有明秀典雅（如江南园林）、稳重雄伟（如北方园林）、畅朗轻盈（如岭南园林）的表现特点；寺观景观具有置于郊外、择于山水胜地、宫殿形式与庭院结合、宏伟壮丽的神圣感。

（一）皇家景观

皇家景观的设计思想为“虽由人造，宛若天开”。颐和园是中国现存规模最大、保存

最完整的皇家景观代表作，位于现在的北京市海淀区，占地约为290公顷（图2–5 ~图2–7）。

图2–5　北京颐和园卫星地图

图2–6　北京颐和园万寿山鸟瞰

图 2–7　北京颐和园长廊景观

（二）私家景观

拙政园是中国江南传统私家景观的代表作品之首，始建于明正德初年（16 世纪初），位于古城苏州东北部，占地约为 5.2 公顷。全园以水为景观中心，分成中、东、西和住宅四个部分。园中山水萦绕、亭榭精美、花木繁茂，具有浓郁的江南汉族水乡特色（图 2–8 ~ 图 2–10）。

图 2–8　苏州拙政园卫星地图

图 2-9 苏州拙政园小飞虹景观

图 2-10 苏州拙政园见山楼景观

(三)寺观景观

寺观景观一般都具有比较浩大的空间容量，可展现出深远、丰富的景观层次，以至于能近观咫尺于目下，远借百里于眼前，如泰山、武当山、普陀山、五台山、九华山等处的宗教圣地。中国的传统寺观景观，特别擅长在建筑与自然之间营造出一种天趣融合的环境氛围，从而深化景观意境（图 2-11 ~图 2-13）。

图 2-11　湖北武当山寺庙景观

图 2-12　河南嵩山少林寺俯瞰

图 2–13　西藏佛教景观布达拉宫

二、日本传统景观的表现风格与特征

日本的传统景观源自中国的秦汉文化，并善于使用质朴的素材和抽象的表现手法，在风格淡雅与玄妙深邃之间，展现“心性本净”的禅宗意境。日本传统景观可在一个咫尺的庭院内营造出一种内心的广袤天地，即所谓的“一花一世界，一树一菩提”。其代表作为日本龙安寺。

龙安寺，建于 1450 年，位于日本现在的京都府京都市。在建寺时，正逢日本的视觉艺术发生重大革新时期，著名的枯山水庭院就位于矿石寺院方丈堂前，它是日本庭院抽象美的代表，并被联合国教科文组织指定为世界文化遗产（图 2–14 ~ 图 2–16）。

图 2–14　日本京都龙安寺景观

图 2-15 日本龙安寺枯山水庭院景观

图 2-16 日本龙安寺庭院水景观

第二节 欧洲景观体系

欧洲的传统景观以古埃及和古希腊景观为渊源，可分为法国古典主义景观和英国自然风景式景观两大流派，主要内容包括文艺复兴时期的意大利景观、17 世纪的法国景观以及 18 世纪的英国自然风景式景观等。其中，较为典型的景观设计代表作有意大利兰特庄园、法国凡尔赛宫花园和英国伦敦丘园，现分别来做一下简要介绍。

一、意大利兰特庄园

兰特庄园，建于 1547 年，由四个层次分明的台地，包括刺绣花园、主体建筑、圆形喷泉广场及观景台组成，设计师为乔科莫·达·维尼奥拉（Giacomo Barozzi da Vignola），是一座堪称巴洛克典范的意大利台地花园（图 2–17 ~图 2–19）。

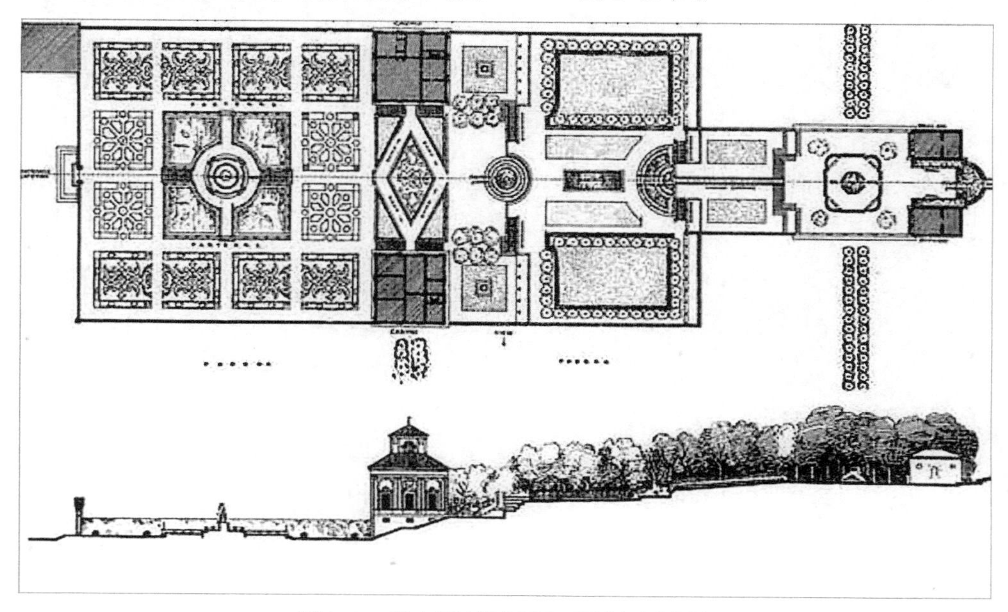

图 2–17　意大利兰特庄园平面及剖面示意图

图 2–18　意大利兰特庄园的刺绣花园景观

图 2-19 意大利兰特庄园的台地水景

二、法国巴黎凡尔赛宫花园

凡尔赛宫，位于法国巴黎西南郊外伊夫林省省会凡尔赛镇，建于路易十四时代，于1661年动土，1689年竣工，占地约110万平方米。其中，建筑面积为11万平方米，园林面积为100万平方米。花园位于凡尔赛宫的西端，绵延长达3千米，园内的树木和花草完全经过人工雕琢，整体布局极其注重几何形式的对称感（图2-20 ~ 图2-22）。

图 2-20 法国凡尔赛宫花园卫星地图

图 2–21　法国凡尔赛宫花园景观模型示意图

图 2–22　法国凡尔赛花园大水池景观

三、英国丘园

丘园位于英国伦敦市西郊，建于 1759 年，为英国最大的皇家植物园，占地约 121 公顷，拥有 5 万多种植物和 3 个水面。丘园的整体布局分为三个区域，其中在北植物园内集合了北部地区生长的植物类型；西植物园内设有水生植物园、竹园、杜鹃花谷等；南植物园内设有小檗属植物区、石楠植物区，以及女皇布丁小屋等。丘园的景致丰富多彩，拥有高山、沟谷、瀑布、溪流等自然景观。在丘园景观中，仅设置了极少的建筑物，以供游客避雨（图 2–23、图 2–24）。

图 2–23　英国伦敦丘园鸟瞰

图 2–24　英国伦敦丘园棕榈温室景观

四、法国古典主义景观与英国自然风景式景观的艺术特色

1. 法国古典主义景观的艺术特色

法国古典主义景观，以规则式的建筑和植物布置为主，在整体布局上有十分明显的中

轴对称线，并且景观构图均衡，视线开阔，气势恢宏。在花坛、雕塑、喷泉等景观元素的处理上丰富多彩，充分体现了景观环境的庄重典雅和雍容华贵，主要以法国、意大利及英国等传统景观为代表。

2. 英国自然风景式景观的艺术特色

英国自然风景式景观，十分强调人工景观与自然景观的相互协调及融合，并以起伏开阔的草地、自然曲折的湖岸、自然生长的树木等为基本构成要素。其中，水、常绿植物和柱廊都是比较重要的景观元素，其目的是让游赏者能够纯粹地走进自然，享受自然中的风、空气和阳光。

第三节 西亚景观体系

西亚景观体系，以古巴比伦、埃及、古波斯的传统景观为代表，主要为花园和教堂景观。在整体布局上采取方直形的、规划齐整的植栽以及规则的水渠布置，景观风格严谨、庄重，后来这一表现手法为阿拉伯人所继承，并成为西亚景观的主要传统。

西亚景观体系的最显著特点是讲求植物种植和水法应用。一般情况下，景观的占地面积较小，建筑也较封闭。全园以十字形的林荫路来构成中轴线，在交汇点上布设水池，把水当作景园的灵魂，并使水尽量发挥最大的作用；园内沟渠明暗交错，利用盘式涌泉滴水的方式蓄积盆池，再通过明沟暗渠来灌溉植物。后来，这种水法传到意大利，成为欧洲景园中必不可少的景观要素之一。另外，由彩色陶瓷马赛克制作的传统图案在西亚景观体系的庭院设计中也是常见的重要装饰元素。

西亚景观体系的主要代表作有印度的泰姬陵、西班牙的阿尔罕布拉宫、巴基斯坦的夏利马尔花园等，现分别来做一下简要介绍。

一、泰姬陵

泰姬陵（全称为泰姬·玛哈尔陵），建成于 1653 年，是伊斯兰教建筑中杰出的代表作之一，位于今印度距新德里 200 多公里的亚格拉城内，亚穆纳河右侧。泰姬陵由殿堂、钟楼、尖塔、水池等组成，主体建筑外观以白色大理石打造而成，内外镶嵌美丽的宝石（如水晶、翡翠、孔雀石等），具有极高的艺术审美价值。

泰姬陵的整个陵园为长 576 米、宽 293 米的长方形，总面积 17 万平方米，四周被一道红砂石墙围绕。陵寝位于陵园中轴线的端点处，其圆顶高 62 米，东西两侧各建有式样相同的清真寺和答辩厅，四角方向上建有四座尖塔，高度达 41 米。在陵园大门与陵寝之间由一条宽阔笔直的甬道连接，十字形的喷泉水池位于甬道中间（图 2-25 ~图 2-27）。

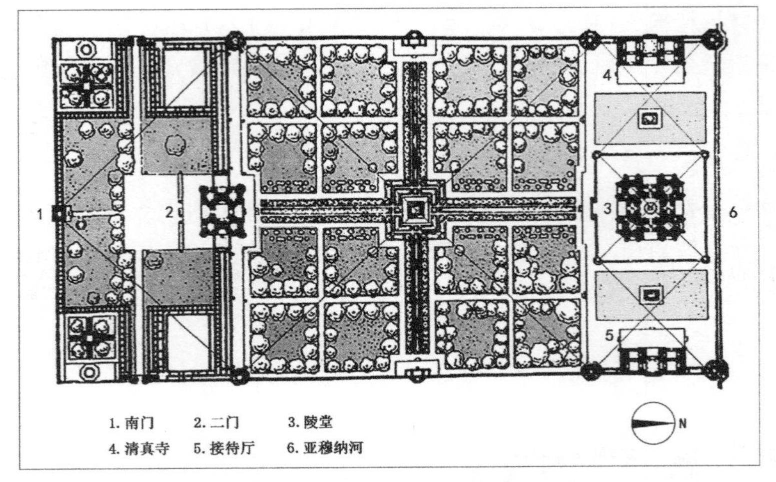

图 2–25　印度泰姬陵平面布局示意图

图 2–26　印度泰姬陵鸟瞰

图 2–27　印度泰姬陵中轴线景观

二、阿尔汗布拉宫

阿尔汗布拉宫（阿兰布拉宫，又称红宫）建于 1354 ~ 1391 年，为西班牙的著名故宫，整座宫殿的建筑风格富丽精致，可为回教建筑艺术在西班牙的瑰宝，有“宫殿之城”和“世界奇迹”的美誉。

阿尔汗布拉宫建在海拔 730 米高的地形险要的山丘上，围墙东西长 200 米，南北长 200 米，高达 30 米。宫中的主要建筑由两处宽敞的长方形宫院和相邻的厅室组成（图 2–28 ~ 图 2–30）。

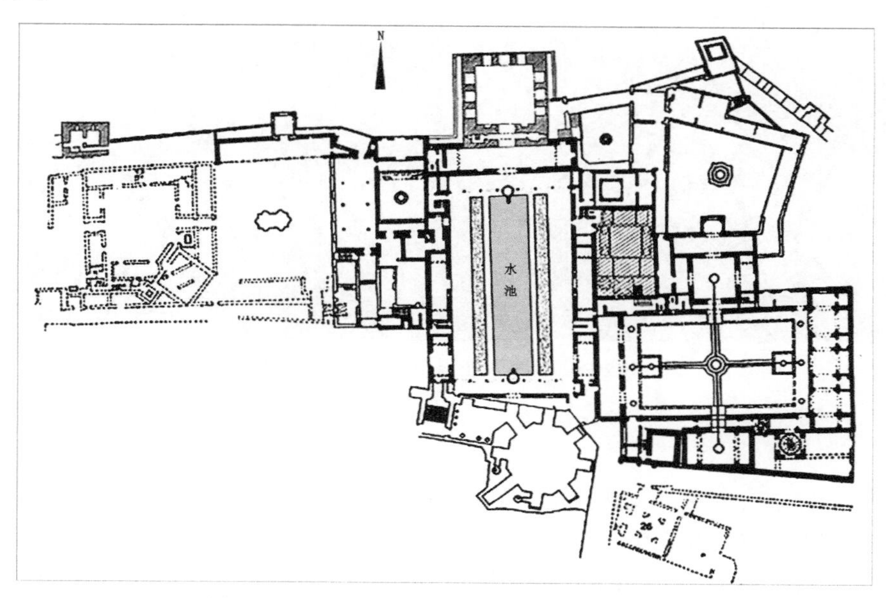

图 2–28　西班牙阿尔汗布拉宫景观平面布局示意图

图 2–29　西班牙阿尔汗布拉宫远眺

图 2–30 西班牙阿尔汗布拉宫大水池景观

三、夏利马尔花园

夏利马尔花园 (又称沙拉穆尔花园) 是一座著名的皇家花园，建于 1641 年，位于现在巴基斯坦，旁遮普省的拉合尔。花园东西宽 258 米，南北长 658 米，占地约 20 公顷，以精美的建筑、喷泉、台阶和茂密的树木而闻名于世，1981 年被联合国教科文组织列入世界文化遗产名录（图 2–31）。

图 2–31 巴基斯坦夏利马尔花园卫星图

与夏利马尔花园毗邻的是拉合尔古堡（图 2–32）和大理石清真寺。古堡的城墙上建有碉堡和射击孔，城内有 21 座建筑物。在城堡内的画廊石柱上，有用彩石镶嵌的绘画，题材主要表现歌舞、狩猎、斗骆驼、打马球等宫廷娱乐的生活内容，场面生动、技艺精湛，可体现出巴基斯坦在古代时期高超的艺术水平，是世界上十分罕见的西亚庭园之一。

夏利马尔花园修筑在 3 个带有阶梯的平台上，四周有高墙环绕。园内用大理石和红砂岩修筑的亭台和避暑行宫华丽典雅，尤其是园内的湖泊分为三级依次下降，站在高处俯视，似江河倾泻，站在低处仰望，如瀑布高悬（图 2–33 ~图 2–34）。

图 2–32　巴基斯坦拉合尔古堡景观

图 2–33　巴基斯坦夏利马尔花园中轴线景观

图 2-34 巴基斯坦夏利马尔花园局部景观

思考题与习题

1. 简述景观设计三大体系划分的内容。
2. 你怎样理解景观设计三大体系？
3. 东方景观体系的表现形式及特征。
4. 简要回答中国传统景观的表现风格及特征。
5. 日本传统景观的表现风格及特征是什么？
6. 欧洲传统景观大致可分为哪两大流派？主要代表作有哪些？
7. 欧洲传统景观的主要风格特点是什么？
8. 英国自然风景式景观的主要表现特征是什么？
9. 西亚景观体系的最显著特点是什么？
10. 大量收集景观设计图片，试根据所掌握的景观三大体系划分知识进行分类。
11. 在今后设计中应如何看待景观设计的三大体系划分？
12. 从体现民族特色和尊重传统上，你是如何评价目前景观设计的？

第三章

对景观环境的认知与基本设计流程

学习目标及基本要求：

了解景观环境中人眼的视觉范围与特性，熟悉景观设计的基本元素、艺术要素、风格体现、功能构成以及美学原则；知道景观设计的基本流程及内容；理解景观空间分类的意义、空间构成的作用以及形态构成要素的地域性特征；掌握景观设计的规划和思考方法，能运用所学知识对景观现场进行客观评价。

学习内容的重点与难点：

重点是景观空间的规划与设计，应根据该地区的空间环境要素、时代特征、活动人群、功能与心理需求等特点，进行整体规划和风格体现。难点是将景观设计的基本流程应用于设计实践。

第一节　景观环境设计的认识方法

感性认识是从具体的某一事物开始的，并不具备事物的普遍性。理性认识是在感性认识的基础上进行分析、判断及推理后，形成对事物的本质、内部联系及规律性的认识。感性认识与理性认识的正确与否，都要通过实践来获得验证。

一、尊重认识规律

在景观设计中，自我感觉不等同于感性认识，自我理解也不等同于理性认识，感性认识和理性认识都要来源于实践，要能够透过事物的表象看到本质。感性认识、理性认识的提升与实践活动之间，是一个循环往复并不断得到升华的思维过程（图 3–1）。

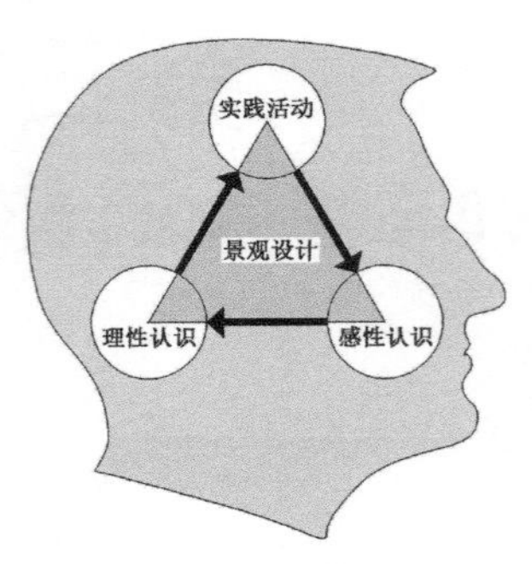

图 3–1　认识过程图解

开展大范围的景观环境现场调查，是景观设计前期首要和必备的前提条件，这一认识过程应贯穿于整个景观设计的思考与决策之中。

二、建立完整的认识体系

对景观设计的认识，不单是在景观设计理论和艺术审美方面，同时还包括对其他相关领域的认识内容。单从景观客体的表象来看，包括对地形、建筑、道路、绿化、水体等方面的认识；若从意识形态来讲，还包括对景观风格表现、社会需求、人文思想、审美取向、生态理念等方面的认识。因此，必须构建起一个比较完善的景观设计认识体系。这一认识体系要通过两种途径来完成，即主动思考模式和信息反馈模式，两者缺一不可（图 3–2）。

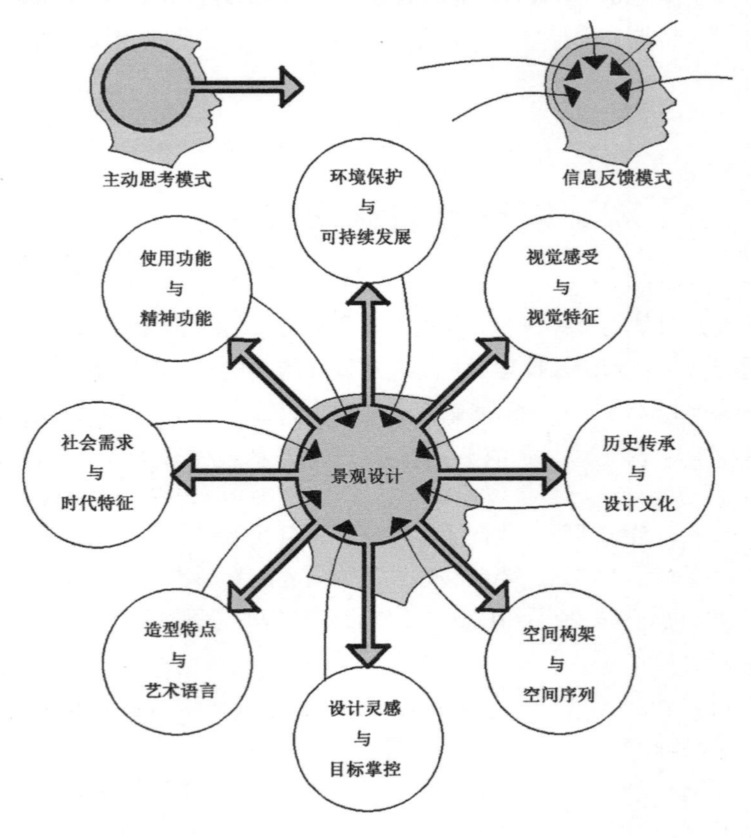

图 3–2　景观设计的认识体系图解

三、认识方法的多元化

面对纷繁复杂的客观事物，对于景观设计来讲，我们也应采取多层面、多角度、多媒介的认识方法。可以利用目前一切可行的认识方法或形式，有效开展专业认识和获取信息，如通过卫星地图、航拍图像、安装监控摄像头等进行数据采集和分析（图 3–3）。

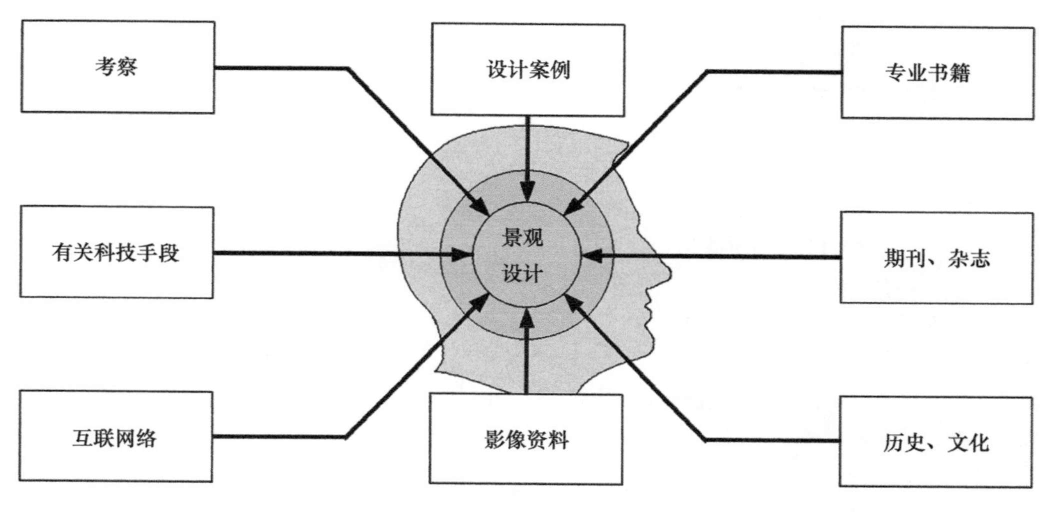

图 3–3　多元化的认识方法图解

第二节　人的视觉范围及视角特性

在景观空间中，人的视觉感受往往处于比较主动的地位。因此，我们很有必要来了解一下人眼的视觉范围和视角特性。

一、人的视觉范围

在正常的光照情况下，当人眼距离观察物体 25m 时，通常可观察到物体的较多细部；当人眼距离观察物体 250 ～ 270m 时，一般只能看清物体的外部轮廓；当人眼距离观察物体 270 ～ 500m 时，只能看到较模糊的形象；如果人眼距离观察物体远到 4000m 时，就不能再分辨物体了（图 3–4）。

二、人眼的视角特性

人眼的视角范围近似于一个扁圆锥体，其水平方向的视角为 140°，最大值为 180°。垂直方向的视角为 130°，其中向上看要比向下看时少 20°，人眼垂直视角的最敏感区域为 6° ～ 7°（图 3–4）。

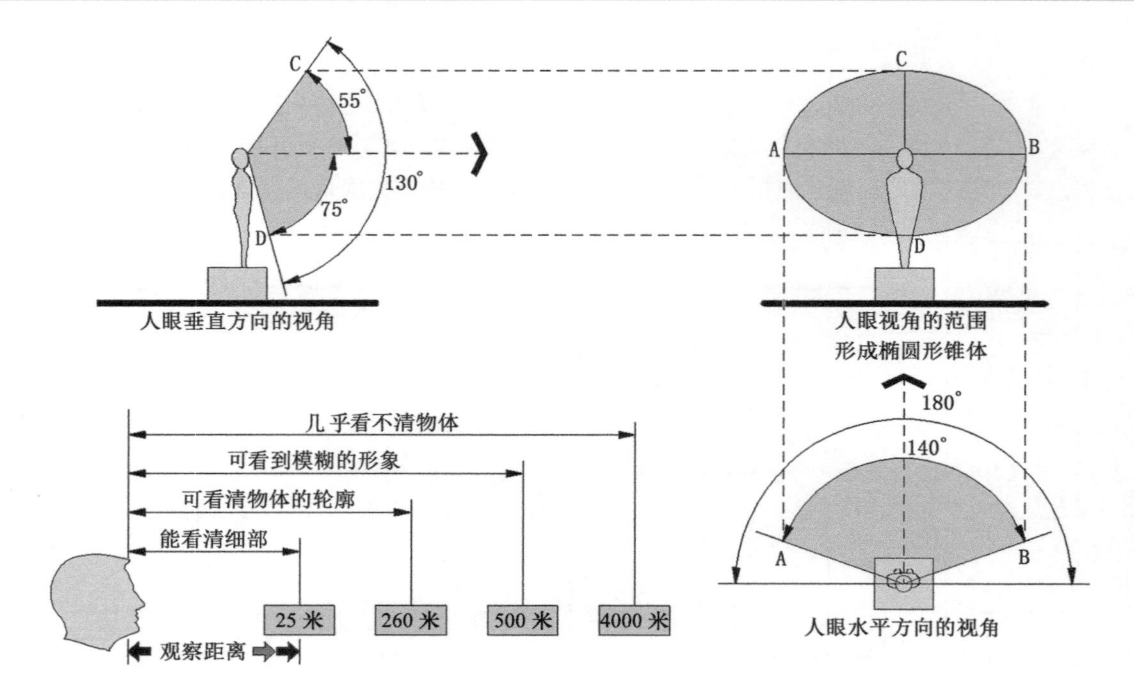

图 3-4 人眼的视觉范围及视角特性图解

除人眼具有视觉范围及视角特性外，影响人们视觉感受的因素还有许多，比如人对环境的熟悉程度、环境光的照射亮度、顺光与逆光、光影的对比强度、色彩效果以及环境的空间形态等。

三、因人眼视角特性而产生的空间围合感受

当一个人观察景物的距离不同时，其视觉感受会因视角特性的存在而产生不同的空间围合感。这一心理感受的程度一般由人眼的观察距离（W）和被观察物体的高度（H）来决定（图 3-5）。

综上所述，人眼的视觉范围、视角特性以及空间感受等理论，均为人们通过长期设计实践而总结出来的一般认识规律，我们应从理解的角度上来认识这一规律。在进行景观布局时，针对有关空间围合感受的营造策略来讲，还必须根据具体情况做出相应探讨，切不可将此原理在景观规划设计中生搬硬套或简单运用。

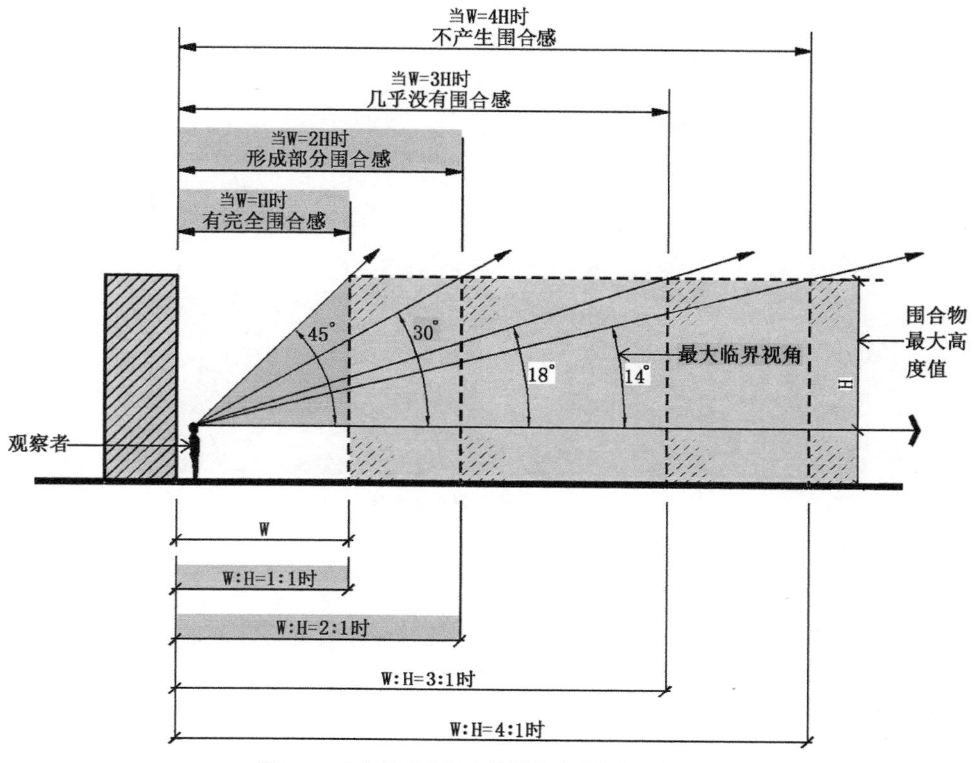

图 3–5 人在景观空间中的围合感受变化程度图解

第三节 景观环境设计的基本元素

景观环境是由自然构件和人文构件所构成的。自然构件是指非人力所为或人为因素较少的客观因素，如动物、植物、自然地貌、天象、时令等。人文构件是指人们根据需要而人为创造的人工因素，如历史建筑、文化建筑、公园景点，以及雕塑小品和公共艺术等。

从景观规划角度来讲，可将景观环境的人文构件根据其性质、用途及特点的不同，划分为景观水体、景观建筑、景观园林、景观设施、景观雕塑与小品、其他六种类型的基本设计元素，现分别介绍如下。

一、景观水体

景观水体是指天然形成或人工建造的水体，可分为静态和动态水体两种形式。静态水体能形象地倒映出周围环境的景色，给人以轻松、温和的感受；动态水体则活泼灵动，让人感受到欢快和兴奋，同时水的声响也对景观气氛的营造具有积极作用（图 3–6）。

图 3-6 中式景观水体元素

二、景观建筑

景观建筑，是指集中于活动区的建筑物和环境的整体配置构件，它所包括的内容十分广泛，例如城市生态保护建设、流域建设、绿化系统建设、广场与步行街建设、雕塑与小品等都属于景观建筑的设计范畴。

三、景观园林

景观园林，是指在一定的地域运用工程技术和艺术手段，通过改造地形、筑山、叠石以及种植树木花草等途径而建立的景观绿化环境和游憩场所（图 3–7）。

图 3-7 景观园林元素

四、景观设施

景观设施若按使用性质及功能分类，可分为地面设施、踏步与坡道设施、休息设施、拦阻设施、照明设施、服务设施、娱乐设施以及广告设施等类型，下面分别简要介绍一下。

（一）地面设施

地面设施由街道、广场、坡道、踏步、桥梁等路面构成。通过地面设施的设计，能够为人们提供安全、舒适、便利和美化的景观功效（图 3–8）。

图 3–8　中式地面设施元素

（二）休息设施

休息设施，一般位于休闲娱乐场地、步行街以及凉亭和林荫道等处，它的主要功能是满足人们短暂的停留和休息需要。

（三）拦阻设施

拦阻设施，是指采用规范和限定的形式在场地中设置的障碍物或标识，起到对人、车辆及景观的安全保护作用，如围墙、护栏、护柱、路墩、分隔绿化带、沟渠、标识牌等。

（四）照明设施

照明设施的主要功能是为人或车辆提供照明，以确保通行安全，一般包括路灯、广场灯、草坪灯、喷泉水池灯，以及路牌广告灯和建筑景观灯等照明设施。

（五）服务设施

服务设施，一般可分为通信服务设施、候车设施、卫生设施等，如公共电话亭、自动售货机、信息自动查询亭、路边自动饮水器等。

（六）娱乐设施

娱乐设施，可为人们提供一个休闲、娱乐、游戏的场所，如秋千、儿童滑梯、球类运动场地、休闲娱乐场地等。

（七）广告设施

广告设施的表现形式可谓丰富多彩，如电子显示屏、路牌广告、灯箱广告、车辆广告、充气广告，以及热气球和飞艇广告等。

五、景观雕塑与小品

雕塑与小品设计属于景观建筑的应用范畴，如广场和街道上的雕塑、纪念碑、灯柱等。

六、其他

现代城市的景观建设内容极其广泛，除以上的基本构成元素以外，还会有其他的内容及表现形式。在此，将这些内容归类为“其他元素”，如街景中的牌匾、音乐及夜晚灯光艺术等。

第四节　景观环境设计的艺术要素与风格体现

一、景观环境设计的艺术要素

从现代造型美学上讲，景观设计的艺术要素一般包括景观的形态与形体、空间、色彩、质感等几大要素，现分别简要介绍一下。

（一）景观形态与形体

景观形态是指景观环境的整体势态和内涵的有机结合，它包括景观与景观之间、人与景观之间、景观与人之间等多层关系（图 3–9）。

图 3–9　公共景观空间的艺术形态

景观形体是指某一个具体景观元素本身最基本的外形特征和体量，它是一种外在的形式表现，以最直接的感受方式来展示自己的特征。

景观形体是景观形态的外在表现因素，只有通过景观环境的形态构建，才能沟通人与景观的情感，并同时将人与环境的情感联系起来。景观形态是景观形体的表达方式，它所表述的语言内涵已经完全超越了景观形体自身的表现内容。

景观环境的形态构成，一般包括景观形体的数量、体量、尺度、空间特征、组合方式等方面。景观形体对景观形态来讲，都具有表现和关联作用。因此，每一个景观形体的变化也都会引起景观环境的形态变化。

（二）景观空间

从艺术要素上来讲，景观空间是指景观区域或元素之间的空间距离感受。应根据景观的造型特点、场所环境、使用性质和用途等因素，来确定人们感受空间的最佳距离，以满足人们观赏、休闲、体验的心境。

（三）景观色彩

景观色彩是最先让人感知的环境要素，具有情感传达的语言意义，可使人们产生心理上的共鸣和联想，进而更加突出景观的内涵和艺术感染力。只有合理使用色彩的象征意义，才能对景观环境的艺术表现起到一定的强化和烘托作用（图 3–10）。

图 3–10　景观空间的色彩内涵

（四）景观质感

景观的质感与材料同属一个统一体，任何景观材料都具有自身的质感，而质感又离不开材料来体现。景观质感通过景观材料的肌理来展现其特有的艺术魅力，不同的景观质感会在人的心理上产生不同的情感效应。

二、景观艺术风格的体现

（一）景观艺术风格的概念

景观艺术风格，是指景观设计通过内容和形体方面所反映出的基本特征，主要体现在景观布局、形态构成、手法运用和艺术处理等方面。景观所呈现的独创性和意境也是社会意识形态在景观环境中的一种物质化的表现（图 3–11）。

图 3–11 美国迈阿密海滩南皇居公园景观

（二）影响景观艺术风格的主要因素

影响景观艺术风格形成的因素有许多。其中，外部因素包括地理位置、气候特点、风俗习惯、民族特性、生活方式、文化潮流、科技发展，以及社会体制与宗教信仰等；内部因素包括个人或群体的设计观念、专业水平和艺术素养等方面。

景观艺术的风格呈现可受当时的政治倾向、社会背景、民族意识、经济状况、价值取向以及景观材料和工程技术等方面的制约，也会因个人或团体的观念和修养不同而受到影响。

（三）景观艺术风格的分类

景观艺术风格的分类有多种方式。若按发展阶段来划分，可分为传统、现代、后现代等风格；若按布局形式划分，又可分为自然、规整及混合式风格；若按地理位置划分，还可分为东方、西方、西亚等风格。仅就中国传统景观而言，还可分为皇家、私家、文人、寺庙等几种表现风格。

从目前来看，出于多种艺术观念及思潮的影响，景观艺术风格具有自由性和多元化的表现特征，如折衷主义、现代主义、文脉主义、极简主义、波普艺术等景观艺术的表现形式。

（四）目前景观艺术风格发展的三种模式

1. 村落田园型

村落田园型，即具有一种农业文明审美特征的景观艺术表现形式。其设计理念是将农业文明作为一种典型的文化景观永久地保留在人们的记忆中（图 3-12）。

图 3-12 美国伍迪克里克花园景观

2. 极简主义型

极简主义型，即具有一种工业文明审美特征的景观艺术表现形式，提倡简洁、规律和功能性的设计原则（图 3-13）。

图 3-13 以色列别墅景观

3. 景观生态型

景观生态型，即具有一种生态信息文明审美特征的景观艺术表现形式。其主导思想是使生物物种的生存环境得到改善并与人性空间相互交融、整合，同时促进和谐（图 3–14）。

图 3–14 瑞典于默奥大学校园景观

从认识层面来说，对于景观艺术风格的体现，首先要明确景观艺术风格不是单纯的形式表现，而是地理位置、区域文化、民族传统、风俗习惯、时代背景等相结合的客观产物；其次，要理解景观艺术风格的体现不是设计师的主观臆断，而是时代发展过程经过长期历史积淀的一种客观再现；第三，要做到将景观艺术风格的体现与景观的主题思想、功能布局、内容要求等形成密切联系。

第五节 景观环境设计的美学原则

景观环境设计，不仅要满足社会功能、符合自然规律、遵循生态原则，还要实现景观艺术的美学价值。创造景观环境的形式美，必须遵循多样性统一、对称与均衡、对比与协调、比例与尺度、具象与抽象、节奏与韵律等六项基本原则，现简要介绍如下。

一、多样性统一原则

遵循多样性统一的美学原则，就是使环境中的各个组成因素之间形成一种规范美的有序排列，并体现出单纯而又不失多样性的整体景观秩序美（图 3–15）。

图 3–15 多样性统一原则的运用

二、对称与均衡原则

遵循对称与均衡的景观环境美学原则，就是使景观的布局和空间效果形成观察者视觉及心理感受上的绝对对称或相对平衡，并呈现出一种外在的艺术美（图 3–16）。

图 3–16 对称与均衡原则的运用

三、对比与协调原则

遵循对比与协调的景观环境美学原则，就是要充分地认识到景观环境中的对比与协调效果应当是相对地呈现，而不是绝对地表现，这两者缺一不可。在景观设计中，应根据人们的心理需求来处理好对比与协调之间的相互关系，其目的在于突出景观重点、建立整体环境的从属关系（图 3–17）。

图 3–17　对比与协调原则的运用

四、比例与尺度原则

遵循比例与尺度的景观环境美学原则，就是使整体环境与单体景观之间构成比较完美的比例和尺度协调关系，同时单体景观与周围环境的相对比例具有视觉感受的可变性。其中，影响单体景观与环境之间比例关系的主要因素，包括参照物的选择、地形与地势、光照条件、景观的质感、景观色彩、造型特征、心理需求与感受等方面（图 3–18）。

图 3–18　比例与尺度原则的运用

五、具象与抽象原则

遵循具象与抽象的景观环境美学原则就是要处理好景观环境的设计语言问题。具象的景观环境设计语言是采用写实的手法来表达景观的审美情趣，也比较接近人们普遍的审美和欣赏习惯；而抽象的景观环境设计语言则是依据事物的基本特征及使用人群等要素并对其进行高度提炼和概括后，形成的一种极特殊和富有个性化魅力的艺术表达形式（图 3–19）。

图 3–19　具象与抽象原则的运用

六、节奏与韵律原则

遵循节奏与韵律的景观环境美学原则，就是使景观环境的整体形象具有艺术表现上的变化规律，能够体现出特有的节奏和韵律之美（图 3–20、图 3–21）。

图 3–20　节奏与韵律原则的运用

图 3-21　美国洛杉矶米尔顿公园景观

第六节　景观功能构成的五个方面

人们对景观环境的功能需求是多方面的、相对具体和特殊的，会因为参与群体的层次、所处地点、活动时间以及目的性的差异而有所区别或完全不同。然而，只要我们能够从各种景观环境的最基本功能构成要素入手，便可以从中发现最基本的和具有普遍性的景观功能构成要素，并且它们还都具有始终保持相对恒定的构成特点，它们是使用功能、精神功能、美化功能、安全保护功能和综合功能。现简要介绍如下。

一、使用功能

景观必须具有使用功能，这是创建城市景观环境的首要条件和必备要素。使用功能是景观设施的外在物质因素，它的存在应便于人们的感知活动，同时还要提供便利、安全、保护、信息交流等方面的服务。

二、精神功能

精神功能是景观环境的内在因素，它是人们通过感观从内心深处萌发出的一种感悟或启示。景观环境是城市文化、时代特征及发展变化的重要载体。不论是历史留存下来的城市景观，还是重新建立的城市景观，其中都承载了在社会发展过程中有关政治、经济、文化以及宗教信仰和思想追求等方面的大量信息，具有精神层面的表现意义（图 3-22）。

图 3–22　景观的精神功能（中山纪念公园）

三、美化功能

景观环境的美化功能，主要体现在视觉感受的形式美方面，应当把物质环境转化成一种艺术美的表现形式来实现景观环境的审美目的，并通过景观布局、结构、材料、色彩等来体现景观环境所特有的审美情趣（图 3–23）。

图 3–23　景观的美化功能（美国城市街道景象）

四、安全保护功能

城市景观建设均应具备安全保护功能。其一，景观建设可对其周围的生态环境进行有目的的保护；其二，通过设计手段来有效避免人们对环境的干扰或对景观的损坏；第三，能够预先防止因环境或景观给人们带来的某种危险。从景观环境安全保护功能的实施上来讲，可采取的方式主要包括阻拦、半阻拦、劝阻、警示等几种基本形式（图 3–24）。

图 3–24　景观的安全保护功能

五、综合功能

景观环境的综合功能，是指任何景观的功能设置都具有多元化和开放型的设计思路。每个景观除了具备相应的必要功能之外，还兼具经济、生态和美学价值，体现出景观功能多重性的综合特点。其中，景观环境的经济价值主要体现在生物生产力和土地资源开发等方面，生态价值主要体现在生物多样性和改善环境等方面，美学价值主要体现在时代文化和人们审美观念的不断进步等方面（图 3–25）。

图 3–25　景观的综合功能（深圳市民广场）

第七节　景观空间的基本知识

景观空间既可为建筑增添空间层次和连续性，又可为城市风貌提供观念和形象化的发展目标。对于景观设计而言，景观空间的主体应当是整个城市环境和生活在其中的人（图 3–26）。

图 3–26　由景观空间构成的城市整体环境

一、景观空间的分类

在景观环境中，根据设计思路的需要，一般可按景观空间的感受、性质、从属关系以及纵向层次等几个方面来进行分类，现分别做一下简要介绍。

（一）按空间的感受分类

若按景观空间给人带来的视觉感受分类，可分为围合空间、半围合空间和开敞空间三种基本类型。

1. 围合空间

围合空间，是指在景观空间中，当观察者平视时，其四周的视线都被完全阻挡而不能再看到更远处景物的空间。

2. 半围合空间

半围合空间，是指在景观空间中，当观察者平视时，其四周的视线只有一部分被阻挡，并能从开敞处看到一些更远景物的空间。

3. 开敞空间

开敞空间，是指在景观空间中，当观察者平视时，其四周的视线完全不受阻挡，都能看到更远处景物的空间。

（二）按空间的性质分类

若按景观空间的使用性质分类，一般可分为公共空间、半公共空间、半私密空间及私密空间等基本类型（图 3–27）。

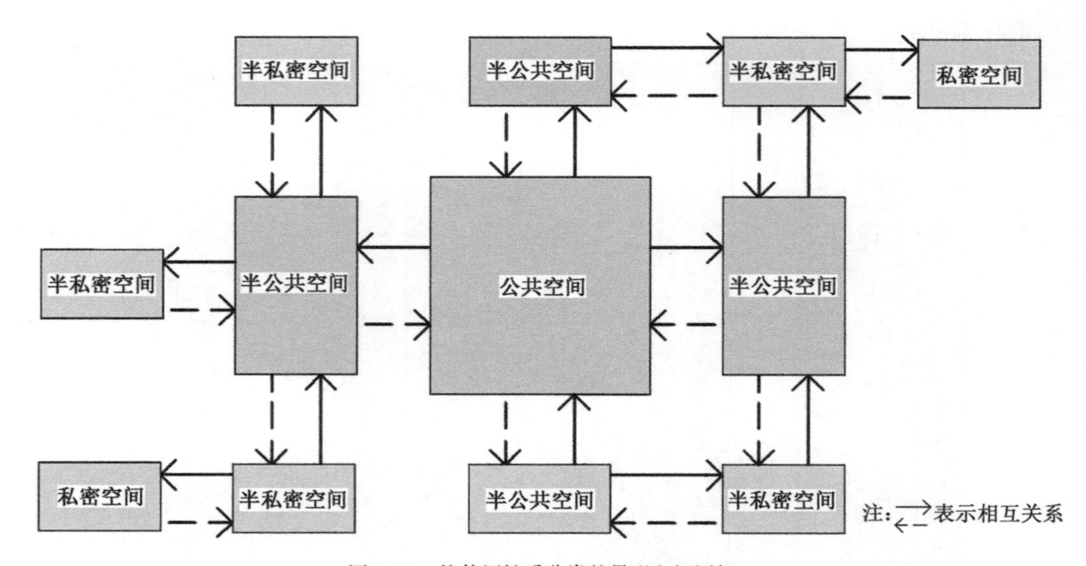

图 3–27　按使用性质分类的景观空间图解

1. 公共空间

公共空间，是指在景观空间中属于全体公众共同使用的，具有较强聚集和参与性的空间，如住宅区中的休闲广场、火车站前的广场、学校中的操场等空间。

2. 半公共空间

半公共空间，是指在景观空间中属于部分公众使用的空间，如住宅区内在各组团里单独设立的楼前小花园、楼顶凉亭等空间。

3. 半私密空间

半私密空间，是指在某一景观空间中具有相对的私密和独立性，且很少受到其他外部环境视线干扰的空间，如四合院或庭院空间等。

4. 私密空间

私密空间，是指具有较强的私密和独立性，且不会受到其他外部环境干扰的空间，如住宅的内部空间等。

（三）按空间的从属关系分类

若按景观空间的从属关系分类，可分为主要空间、次要空间及辅助空间等。

1. 主要空间

主要空间，是指在景观空间中其使用功能占主要地位的空间，如住宅小区内的入口处公共空间。

2. 次要空间

次要空间，是指在景观空间中其使用功能占次要和从属地位的空间，如城市广场中某一处的休闲座位或联系通道等空间。

3. 辅助空间

辅助空间，是指在景观空间中其使用功能只起到辅助或配套作用的空间，如住宅区中的物业管理、小超市、停车场等服务区域的空间。

（四）按空间的纵向层次分类

若按景观空间在垂直方向上所处的位置分类，可将景观空间划分为地上空间、地下空间及空中空间等类型。

综上所述，无论采取哪一种方式来对景观空间进行分类，都是为了更便于对景观空间进行设计和探讨。

二、景观空间的构成与形态要素

（一）景观空间的构成

从空间构成上讲，景观空间是由它的底界面、侧界面和顶界面构成的，现简要介绍如下。

1. 底界面

底界面是指位于地面上的各组成元素的集合，其中包括道路、场地、坡道、台阶、雕塑小品、设施、绿地、树木、水面等。

2. 侧界面

侧界面又称围合界面，是指由周围建筑或景物立面等集合而成的竖向界面。

3. 顶界面

顶界面是指由周围侧界面的顶部边线所确定出的天空范围。

研究景观空间的构成，是为了能够更直观地认识与探讨景观环境中关于空间比例、体量和形态的问题（图 3–28）。

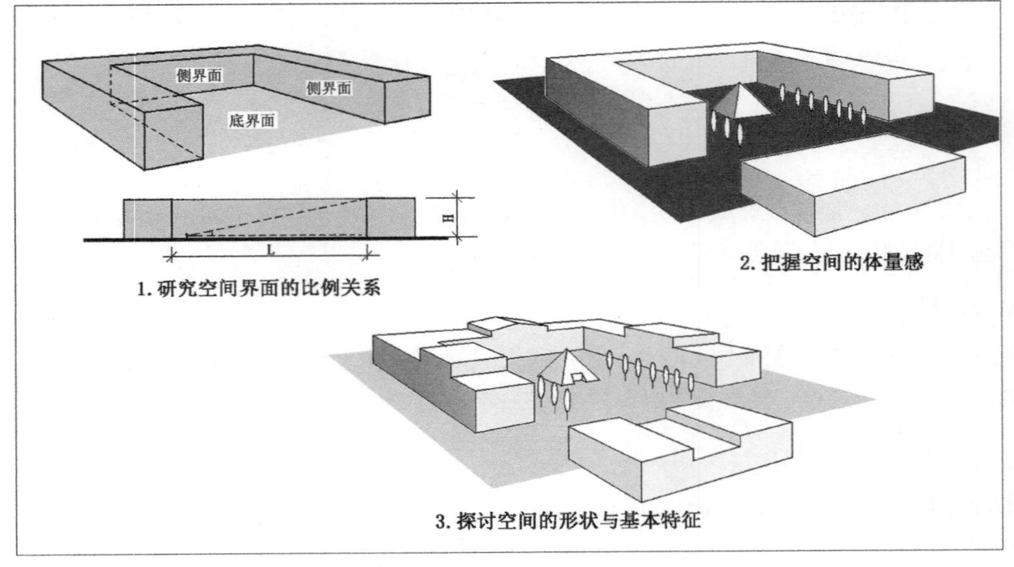

图 3-28 景观空间的构成界面与用途

（二）景观空间形态的构成要素

从景观空间形态的构成上来讲，不论是某一景观单元还是整体的景观环境，它们都是通过实体和由实体所建立的空间而构成的。其中，实体部分的构成元素主要包括建筑物、构筑物、地面、水面、绿化、雕塑小品及景观设施等。空间形态的构成要素主要包括空间界面、空间轮廓、空间线形、空间层次等（图 3-29）。

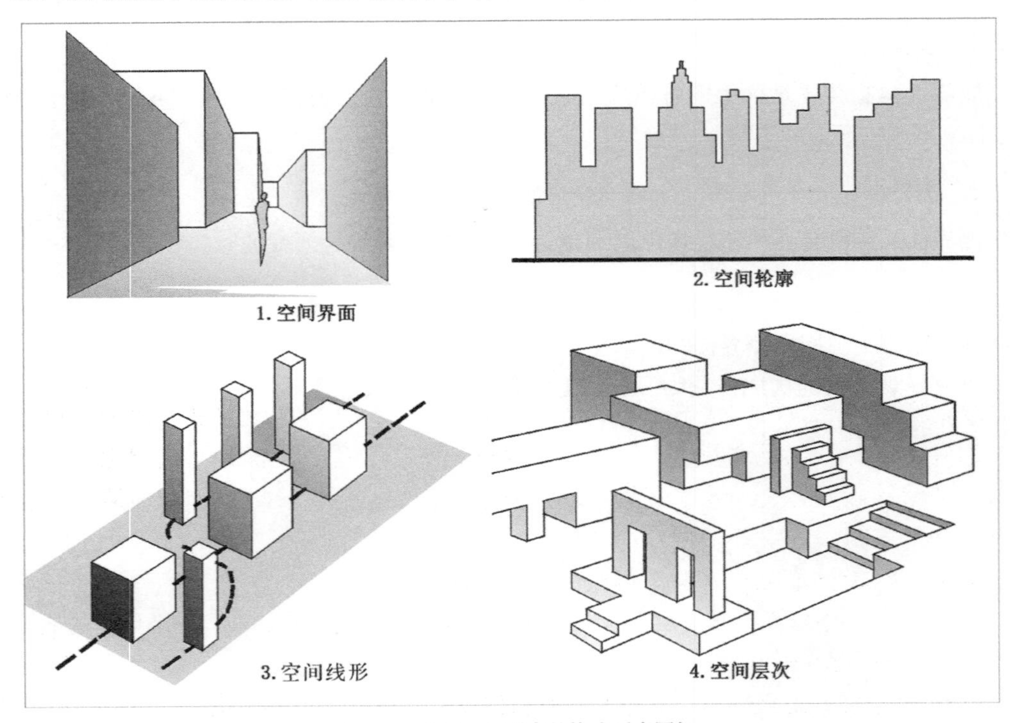

图 3-29 景观空间形态的构成要素图解

在景观环境中，影响人们形态感知的主要因素包括人的文化素养、心理状态、视觉范围、时间趋向、运动速度和方向等。

在进行景观设计时，必须重视空间形态的塑造。虽然实体景物能够给人带来物质上的需求，但空间形态在此起到了重要的支配作用。因此，只有注重景观空间形态的塑造，才能真正实现景观实体的应有效能，这也是我们在本节内容中需要解决的关键问题。

景观空间的形态具有符号、形象或形式语言的表达作用，通过人的视觉及心理感受可进行传情达意。例如，2008 年北京奥林匹克运动会主场馆“鸟巢”的景观空间形态设计，就充分体现出了“人文奥运，绿色奥运，科技奥运”的这一主题思想，使实体景物的功能体现也得到了极大的升华（图 3–30）。

图 3–30　景观形态的象征意义

三、景观空间的地域性特征

景观空间的地域性，是指在某一地理区域中自然景观与历史文脉的总和，包括该地域的气候条件、地形地貌、水文地质、动植物资源、历史资源、文化资源，以及人们的各种活动和行为方式等诸多要素。一方水土，可孕育出一方特有的地域性景观空间形象。

景观空间的地域性特征，主要体现在以下两个方面。

（1）在某一地域内，其景观空间应体现出当地文化的地域特殊性。景观环境的地域不同，其空间特征也不相同。

（2）处于同一地域内的景观空间，其自然景观与历史文脉会具有一定的相似性和普遍性。

第八节　景观空间的设计方法

在进行景观场地的空间设计时，最为关键的任务是要处理好整体空间形态的形象表达问题，应根据景观功能、设计风格、主题思想以及参与者的行为活动和心理感受等需要，通过空间形式、形态语言来准确表达景观形象的空间内涵。

在此必须着重强调一点：针对景观空间的设计，绝不可只从平面的角度来单纯地规划景观空间。因为，景观环境设计首先是对空间的设计，平面图只能体现出空间的垂直投影，根本无法反映出空间的形态特征和形象意义。对于初学者来说，一定要充分地理解这一点。

景观场地的空间设计一般可按三个步骤来完成：第一步，确定景观空间的形态领域；第二步，规划出景观空间的功能序列安排；第三步，进行功能分区和限定单元空间。

一、确定景观空间的形态领域

对于景观场地的空间设计，应首先按设计范围所限定的尺度划分出一个整体的空间领域，并使其具有某种地域性的空间形态意义。景观空间的形态领域应为景观场地本身的行为活动范围与周边环境形象的总和；周边环境有时也是不可或缺的外部形象，可通过借景的方式将其纳入到人们的视觉范围中来（图 3–31）。

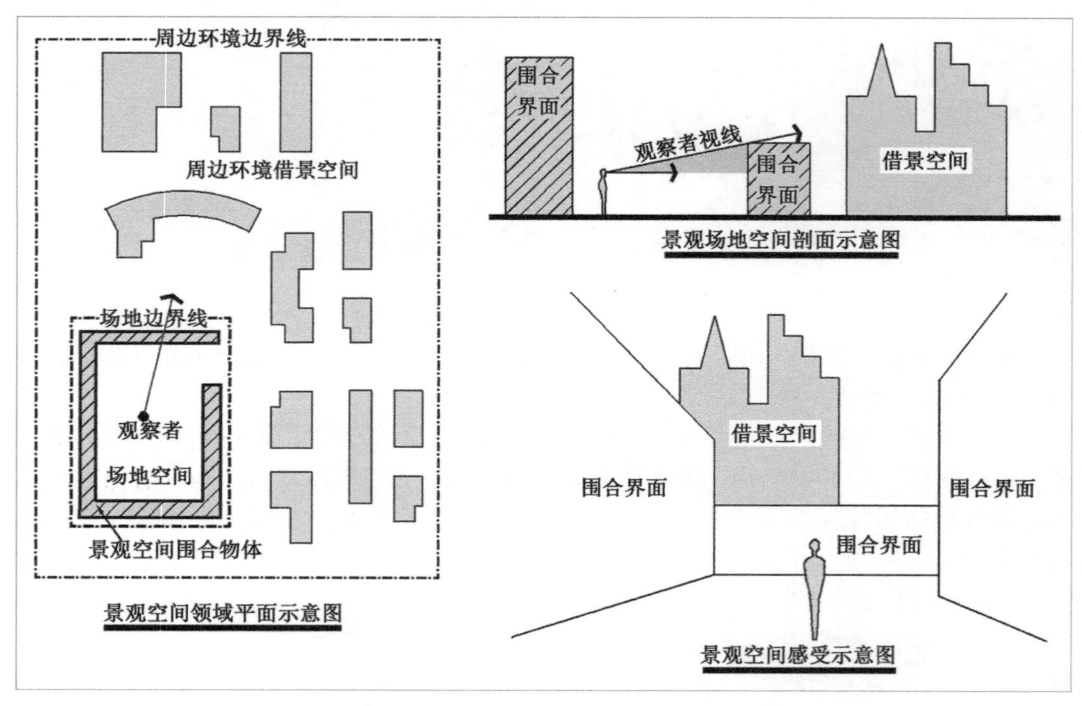

图 3–31　景观空间的形态领域确定示意图

二、景观空间的功能序列安排

景观空间的功能连续性和有序性，是指通过设计的方式，根据各景观空间的不同功能、不同面积、不同形态等因素将其在整体空间中进行合理搭配、相互联系、有序排列的一种空间构成体系。

对于景观空间的功能序列安排，在最初拟定整体空间形态的设计草图时，就要建立起一个良好的时间和空间上的秩序性，同时还要将人们从一个空间向另一个空间运动时对空间的特征体验融入其中，既要考虑各单元空间组织的合理性、适用性、趣味性，又要分析整体空间的功能连续性、有序性。除此之外，还要处理好每个单元空间之间的过渡层次、转换节奏以及空间导向等问题。如某居住小区景观空间的功能序列安排（图 3–32）。

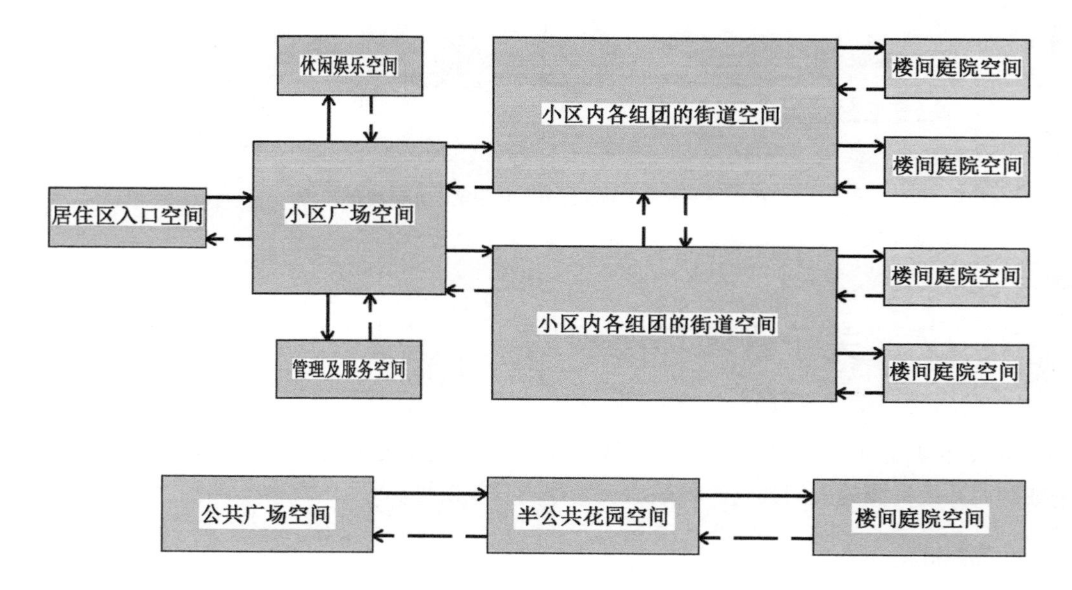

图 3–32　居住小区景观空间功能序列安排图示

三、功能分区和限定单元空间

确定了景观场地的空间形态领域和功能序列安排后，接下来就应根据各单元景观的具体要求进行景观场地上的功能分区和限定单元空间。

在景观功能分区时，要根据单元景观的功能特点及要求，分别划分出相应的空间领地，如在动静分离、人车分流、心理感受等方面进行统一的功能分区。同时，还要注重各单元景观的相对独立性和视觉感受的相互关系，以充分满足人们的功能需要（图 3–33）。

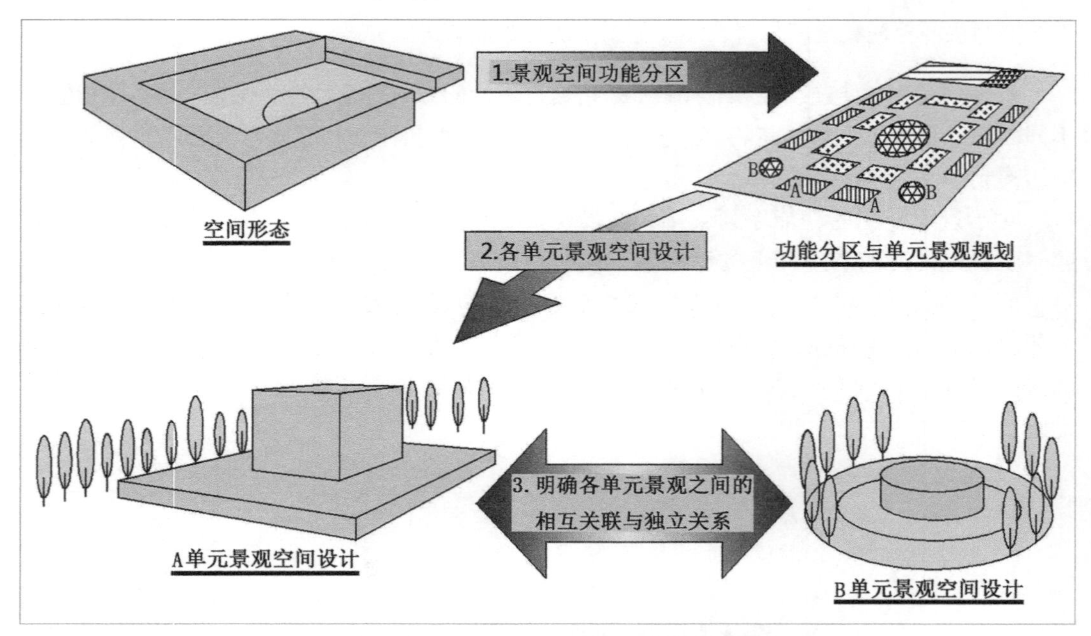

图 3-33　景观空间功能分区与限定单元空间图解

第九节　关于景观环境规划

景观环境规划是一种物质空间的规划，景观环境规划的最终目的是帮助居住在自然系统或利用系统资源的人们找到一种最适宜生存的有效途径。

一、景观环境规划的含义

景观环境规划，一般是指在某一区域范围内从本区域的基本特征及属性出发所进行的景观规划。在此，对景观环境规划的解释还有两种说法，现分别叙述如下。

其一，景观环境规划是空间上镶嵌出现和紧密联系的生态系统的组合，在更大尺度的区域中，景观是互不重复且对比性强的基本结构单元，它的主要特征是可辨识性、空间重复性和异质性。

其二，景观环境规划是一个由不同土地单元镶嵌组成的、具有明显视觉特征的地理实体。它处于生态系统之上、地理区域之下的中间尺度，兼具经济、生态和美学价值。

二、景观环境规划途径的分类

基于生态系统前提的景观规划途径主要可分为两种类型：一种是以物种为核心的景观规划途径；另一种是以景观元素为核心的规划途径。前者的规划途径首先要确定物种，然后根据物种的生态特性来进行景观规划，其中包括保护核心栖息地、建立缓冲区、构筑廊道、增加景观异质性和引入或恢复栖息地等方面。后者的规划途径是以各种尺度的景观元素作为保护对象，根据其空间位置和相互关系来进行景观规划。

三、景观环境规划设计的基本内容

现代的景观环境规划设计，主要包括景观视觉形象、环境生态绿化、大众行为心理三个方面的规划内容。现对此分别做一下简要介绍。

（一）景观视觉形象规划

景观视觉形象规划设计，主要是从人类的视觉感受及心理要求出发，根据景观美学规律并利用空间实体景观来营造出一种具有赏心悦目效果的景观环境形象，如某城市公园景观形象规划设计（图 3-34）。

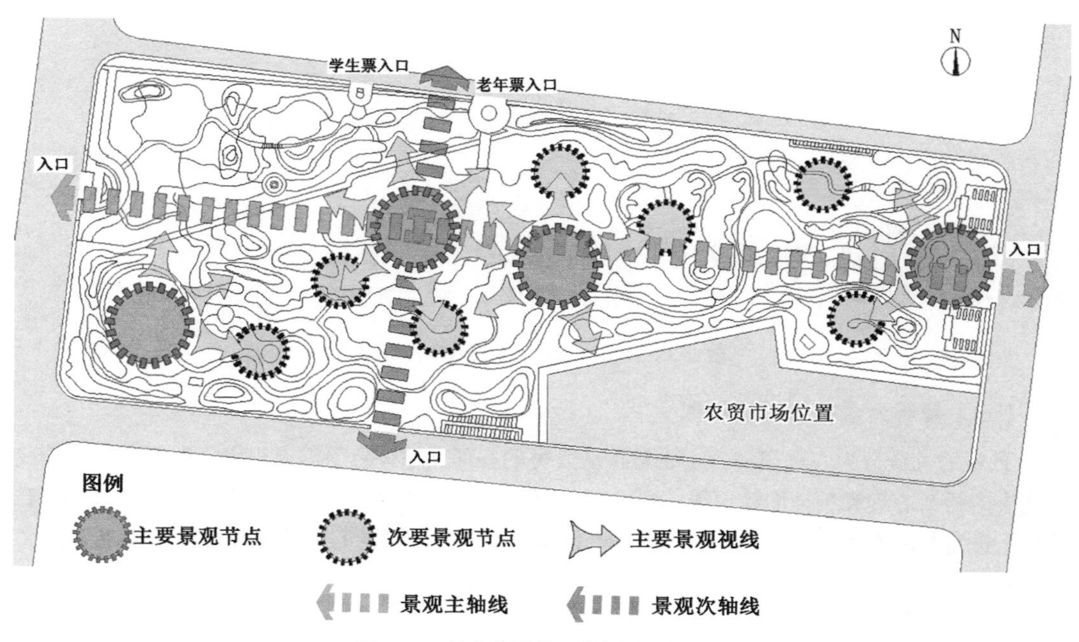

图 3-34　城市公园景观形象规划分析图

（二）景观环境生态绿化规划

景观环境生态绿化规划设计，主要是从人类的生态感受要求出发，根据自然界生物学的原理，利用阳光、气候、动植物、土壤、水体等自然和人工材料建立起一种适于人居的物理环境，如某城市景观生态绿化规划设计（图 3-35）。

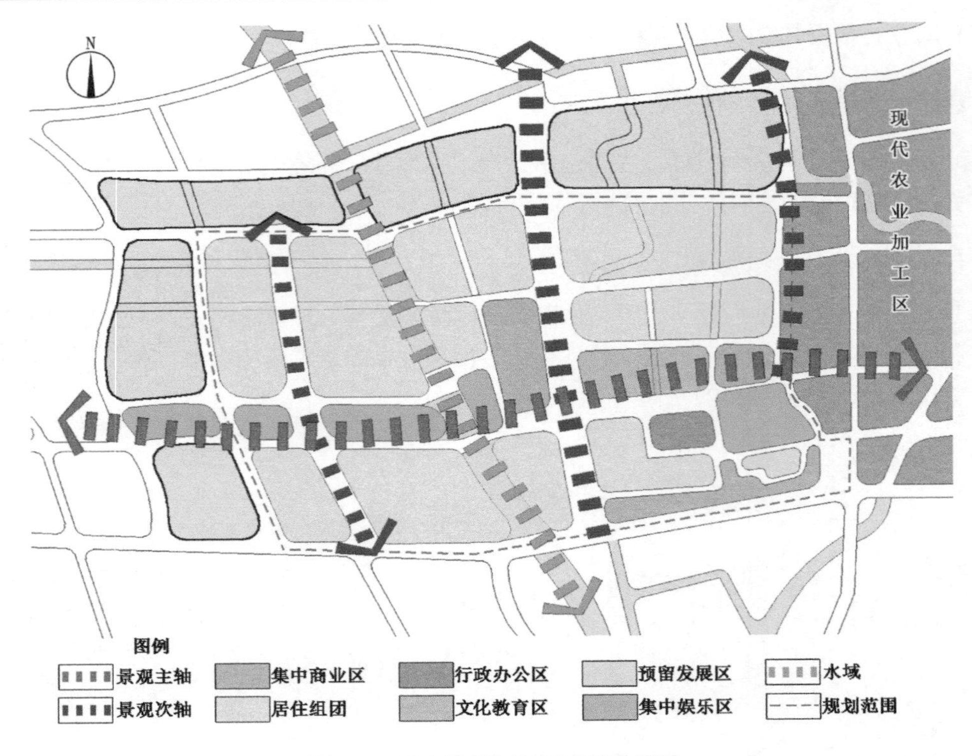

图 3–35 城市景观生态绿化规划分析图

（三）景观大众行为心理规划

景观的大众行为心理规划，主要是指从人类的心理、精神感受需求出发，根据人类在景观环境中的行为心理和精神活动规律，利用心理文化的引导，创建出一种具有审美感受、文化熏陶、积极上进意义的心理精神规划，如美国华盛顿市对城市中心区的心理精神规划（图 3–36）。

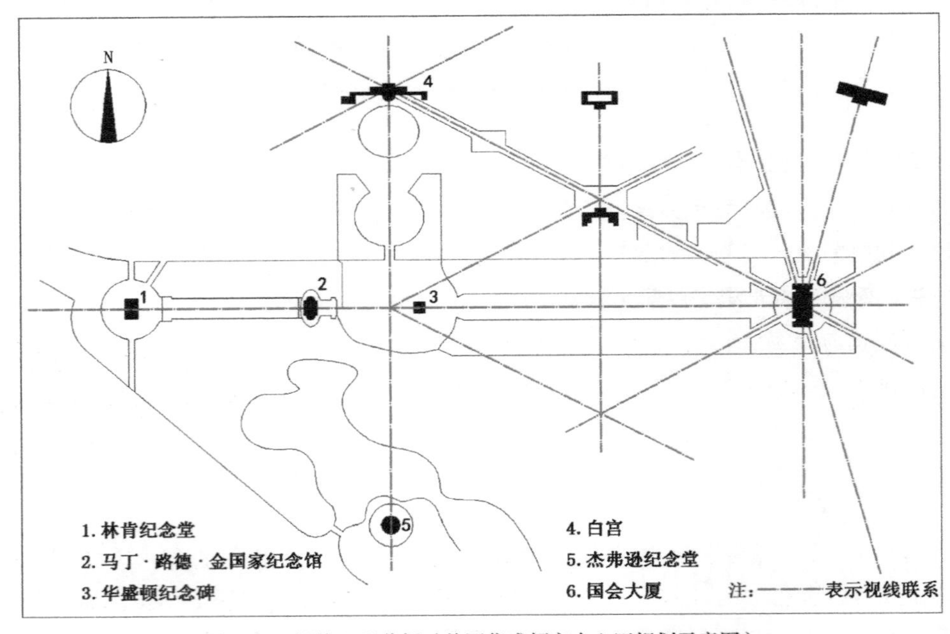

图 3–36 视线心理分析（美国华盛顿市中心区规划示意图）

四、景观环境规划设计的基本原则

景观环境规划设计可对今后的景观生态效应及可持续发展起到决定性的影响，因此，在景观环境规划中必须遵循以下三项基本原则。

（一）系统性原则

遵循系统性原则，就是要处理和协调人、自然、环境三者的相互关系，充分实现物种、建筑、景观文化等各系统之间的整体协调性和生态系统的多样性，使土地、水、植物等自然资源能够达到最大限度的利用，并形成结构优化和组成最佳的人居环境。景观环境规划设计要以人的需求为前提，根据所有群体的行为心理特点，创造出能够满足各群体需要的理想空间。同时，还要注重其他生物及非生物环境中各项因素的相互联系、相互制约、相互独立以及相互转化的客观规律。

（二）尊重自然与展现自然原则

自然环境是人类赖以生存和不断发展的物质基础，其地形地貌、河流湖泊、绿化植被等自然要素是构成城市空间的宝贵景观资源。尊重并强化城市的自然景观特征，使人工环境与自然环境达到和谐共处，是我们进行景观环境规划的重要任务之一（图 3-37）。

图 3-37　城市景观的自然展现

（三）保护环境与节约资源原则

在景观环境规划设计中，要尽可能将景观场地中的原有材料进行循环利用，并最大限度地发挥景观材料的潜力，减少生产、加工、运输过程中所消耗的能源，减少景观建设中的废弃物，并注重保护当地的人文和自然环境。

五、景观环境规划的决策导向与多层次分析

规划设计本身不是决策，而是以决策为指导的自上而下的一个执行过程。景观环境规划设计，应当是在区域范围内完全根据自然状态和资源条件等因素来进行的一个决策导向执行过程。

景观环境规划的决策导向，是指在进行景观规划设计时，首先必须明确场地中需要解

决的主要问题和目标，并制定出解决问题的指导性原则，然后以此为导向，再开展多方面的数据采集、分析和各项规划工作。

通过决策导向来开展景观环境规划的方法，通常需要分析以下六个层次的问题。

（一）景观状态表达的准确性

在执行决策导向的前提下，对于景观状态的表达，应着重考虑景观场地的内容、边界、空间、时间以及表现方法和语言等方面的准确性与可行性。

（二）景观功能构成的合理性

在执行决策导向的前提下，应切实考虑景观的功能特点、各要素的功能以及结构关系是否设置合理。

（三）景观功能的现实性评价

在执行决策导向的前提下，应判断出景观的功能设置是否能够充分满足目前的需要，并做出正确评价。

（四）预见景观变化的可能性

在执行决策导向的前提下，应以发展的眼光来预见景观空间在将来的使用过程中会发生怎样的变化，被什么行为影响，在什么时间、从哪个部位会发生改变等问题。

（五）预见景观变化的结果

在执行决策导向的前提下，应以发展的眼光来预见，当景观发生变化后会给周边环境带来什么样的改变等问题。

（六）对景观改变的控制

在执行决策导向的前提下，应考虑到景观在今后是否应该被改变、如何来改变、又如何来控制景观的改变等问题，并根据所得的结论做出相应的景观保护控制规划，如制定出城市景观形态的控制规划，使景观规划的决策导向能够逐步得以实施（图 3–38）。

图 3–38　城市景观的改变与控制

在景观环境规划设计中，必须对以上六个层次的内容进行反复论证，其论证的依据便是决策导向。要能够及时发现问题和寻找到处理的方法，并最终解决问题。

第十节 景观设计的基本流程

景观环境设计十分注重设计过程的系统化和设计流程的规范性。景观环境设计的基本流程，一般包括现场调查与资料收集、资料整理与分析、确立设计目标、绘制设计方案、设计方案评价、制定实施计划、后期管理与维护等步骤。现对此分别做一下简要介绍（图 3–39）。

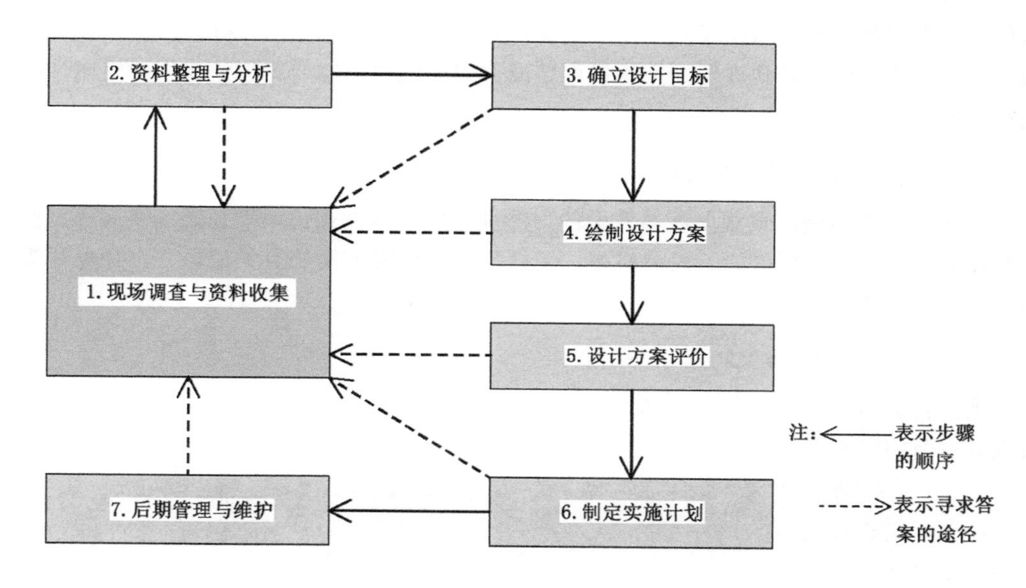

图 3–39 景观设计基本流程图解

一、现场调查与资料收集

景观环境设计不能脱离实际而刻意求新，设计者必须到景观现场及周围环境中去发现问题。要利用专业化的眼光来进行观察、分析和判断，要充分认识景观现场中原有的特性，去发现它积极的方面并加以引导。现场调查与资料收集是景观环境设计流程中十分关键的一个步骤。

（一）景观现场调查的基本方法

景观环境设计的现场调查方法大体上可分为询问调查、观察调查、测量调查以及文献资料查阅调查这四种调查方法。

（二）景观现场调查的重要性

景观环境设计并非开始于绘制草图，而是必须首先从现场调查与资料收集入手，这是整个设计过程中寻求问题和验证结论的唯一有效途径。我们必须首先从景观现场和人们的客观需求出发，从周边环境与景观现场的相互关系上展开全面、详实、细致的现场调查和资料收集工作。这不单是顺利进行后续设计流程的基本保障，同时也是发现和解决设计问题的必由之路。

（三）在景观现场调查中应获取的基本信息

我们在景观环境设计的现场调查过程中，首先要收集和掌握以下几个方面的基本信息及资料。

1. 调查该地区的景观发展状况

要调查该地区景观历史、文化的发展变化过程，以及在城市景观建设中对本地区的总体规划情况。一般包括该地区的景观历史及文化的发展特点、景观建设的发展趋势和演变过程、景观现场在整个城市发展中所处的地位、景观总体规划导向、社会人群构成情况、城市规划实施情况、景观现场的土地使用情况，以及设计场地与周边建筑物的使用性质等调查内容。

2. 调查该地区景观发展与建设的可能性

要全面调查该地区景观发展与建设的可能性，通常要调查包括景观现场及周边地区土地开发的可能性、发展潜力、发展机率、公众需求情况等方面的有关信息，以预见景观现场在今后的发展方向。

3. 调查该地区的人文特点

要全面调查该地区人们的风俗习惯、乡土人情、宗教信仰、文化特色以及审美需求和特点等方面的相关资料，如建筑文化、民俗文化、休闲文化、审美情趣等（图 3–40）。

图 3–40 开展景观设计的人文调查

4. 调查景观设计场地的基本情况

要调查景观设计场地及周围相关环境的具体情况。其中包括自然环境、气候条件、地形地貌、设计范围、可利用资源、原有建筑物的风格与形式、场地的标高变化、交通道路状况、地下管线与隐蔽工程情况、使用者的活动规律与需求等相关设计资料。

总之，在进行景观环境设计的现场调查与资料收集时，必须遵循调查求准、内容求细、范围求广、方式求多的基本思路。

二、资料整理与分析

在景观现场调查中获取的有关信息及资料是我们进行后续决策和设计的主要依据。因此，要将这些繁杂的内容进行系统性的分类和整理，以使资料分析工作能够更加具有目标性。一般可按景观的功能需求、空间感受、行为和心理需求、区域形象与风貌保护等方面来进行调查资料的归类和分析。现简要介绍如下。

（一）功能需求分析

要根据景观设计场地的功能需求状况进行客观性分析，这是整个分析过程中一项最基本的内容。功能需求分析，主要是指分析景观场地的功能设置与需求、人群使用方式与特点、活动内容与多样性，以及功能设置内容与周边环境的相互关系等问题。在完成各项功能需求分析的基础上，还要对景观设计现场的功能序列做出相应的可行性分析，并制定出一个合理的景观功能序列安排。

（二）空间感受分析

在景观设计现场的空间感受分析过程中，应利用空间分析的多种方法，对景观现场进行较为全面的空间探讨，要从景观现场的空间形态、空间构成、视觉感受，以及周边环境的空间体量和借景等方面进行设计分析。对于景观设计现场的空间感受，均应从物质和精神两个方面来进行相应的分析判断和推理，并做出景观设计现场的空间感受评价，如在景观空间中对于点、线、面、体的构成形式应如何来评价（图 3–41）。

图 3–41　景观环境的空间感受调查

（三）行为和心理需求分析

对景观设计现场的行为和心理需求分析，是根据景观现场的调查资料，针对景观设计现场的功能性质、使用频率、人群层次、重点参与内容、心理需求等方面所做出的客观性分析。这将为后续的景观规划设计提供客观依据。

（四）景观的区域形象与风貌保护分析

景观的区域形象与风貌保护分析，是针对景观设计现场应具有的区域景观形象和城市风貌保护等进行的分析。其中包括该地块的区域形象定位、景观形象要求、人文特征保护、历史建筑保护、植被保护等方面的内容。经过这一分析之后，便可逐步形成对于景观设计现场的景观形象和人文特征定位。

三、确立设计目标

确立景观现场的设计目标，是指在完成了对景观现场和全部调查资料的理性分析之后，根据所获得的结论与景观现场设计要求所做出的景观规划决策导向。景观设计目标的确立是该地块中经济效益、物质优化、生态环保以及时代需要和艺术价值的综合体现。这是整个景观设计创作过程中的一个重要环节，如美籍华人贝聿铭设计的苏州博物馆景观（图 3–42）。

图 3–42　景观设计目标确立的最终结果

在确立设计目标的过程中，要充分体现出景观设计主题的鲜明性和独特性。设计目标的确立，可为后续的设计工作提供解决问题的核心脉络和指导思想。对于景观设计目标的确立，若具体来说还包括设计原则的确立、设计构思的确立、设计元素的确立这三个方面的内容。

现以某居住区景观设计项目为例，来说明一下在设计目标确立阶段中需要完成的内容。

（一）设计目标

体现时代特征；充分满足人的需要；注重生态效益；体现区域特色；创造景观优美的新型人居环境。

（二）设计原则

（1）注重城市风貌，体现区域特色。

（2）注重生态效益和功能多样性，设施齐全，使用方便且安全。

（3）使业主、开发商和国家利益相统一。

（4）便于管理和日常维护。

（三）设计构思

（1）注重居住区景观与周围环境的关系，并以城市区域规划为依据。在功能规划上，做到人行与车行分离、动与静有明显分区。小区内应设置主要干道和景观活动区域，每个单元景观都应具有相对的独立性；应确保通行便利和安全，中心区的景观场地应能达到防灾避难要求。

（2）充分利用原有生态资源，强调自然景观与人的和谐共处（图 3–43、图 3–44）。

图 3–43　原有生态资源的利用

图 3-44 人与自然的和谐关系

（3）景观功能设置应满足业主的多种需要，注重无障碍设计，强调不同年龄人群的使用需求。

（4）根据产权界线和用地功能进行设计，为业主提供最佳的居住环境。

（5）景观环境设计应与住宅建筑风格相统一，充分体现景观空间的人居环境感受。

（四）设计元素

（1）景观道路空间的设计元素，包括树木、草坪、座椅、花坛、水池、喷泉、道路指示牌、路灯、果皮箱、道路铺装材料、自行车停靠架、入口标志、围栏等。

（2）景观各区域划分的分界线处的设计元素，包括树木、草坪、指示牌、垃圾箱、道路铺装材料、庭院灯、绿篱、花架、消防栓等。

（3）各景观区域内的设计元素，包括树木、草坪、休闲座椅、水池、指示牌、果皮箱、道路铺装、庭院灯、花架、秋千、木马、滑梯、消防栓、活动场地等。

（4）公共空间景观的设计元素，包括树木、草坪、花坛、遮阳棚、交通隔离带、指示牌、装饰小品、休闲座椅、绿篱等。

通过对以上景观设计目标的了解，我们应从文字中认真地进行体会，并认识到它对后续设计过程的指导意义。

四、绘制设计方案

在确立了设计目标之后，接下来将要进行景观设计方案的图纸绘制过程。其中包括以下几个方面的图纸内容。

（1）景观环境设计的整体规划与布局。

（2）依据设计目标及要求，通过设计图纸来表达对景观设计现场所进行的原始条件分析及设计推理和结论。

（3）绘制景观环境设计的其他有关图纸，进一步阐述设计内容，如景观设计平面布置图、主要地段剖面图、单元景观详图、节点图，以及景观环境设计透视效果图等（图3–45）。

（4）编写设计说明，叙述设计要点。

图3–45　景观设计手绘透视效果图

五、设计方案评价

设计方案评价，是指由主管部门或招标单位组织的对景观工程项目的设计方案所做出的一种综合性评价。为此，评价者也要提前完成对景观现场的比较全面和详实的调查工作，这是进行准确评价的基本前提和条件。景观环境设计评价的主要内容包括以下几点。

（1）设计的出发点是否准确。

（2）设计的构想是否合理。

（3）各项控制指标是否符合相关要求。

（4）设计的实施是否具有可行性。

可以说，设计方案评价是对景观设计现场进行的再一次设计分析和论证，其论证的结果可充实和改进设计方案的不足之处。

六、制定实施计划

景观环境设计是建立在资金投入和建设条件基础上的产物。由于景观建设活动具有较长的周期性和较大的多变性，为确保城市景观建设的顺利进行，在景观设计现场的建设初期就要制定出一整套关于该景观地块的长期实施计划。

七、后期管理与维护

对景观建设成果的后期管理与维护，是一种在景观使用过程中施行的基本保障措施。要制定出一系列相关的管理与维护条例，以保护景观环境的整体形象，如英国伦敦市对整体城市景观形象的管理和控制（图 3–46）。

图 3–46 对城市整体形象的管理

综上所述，景观环境设计应从认识和探讨空间入手，并根据区域属性、规划导向、人文特点、参与人群、功能与心理需求、生态保护要求、经济效益以及时代特征和区域特色等，开展大量的景观现场调查活动，以使景观环境设计能够充分满足人们的需求，在尊重城市生态理念的基础上，创造出人与自然和谐相处的最佳人居环境。

思考题与习题

1. 人眼对景观空间的围合感受是怎样产生的？
2. 景观环境设计的基本元素都有哪些？通过实例说明。
3. 简要回答景观环境设计的艺术要素包括哪些方面。
4. 影响景观艺术风格形成的因素包括哪些方面？应如何来理解？
5. 简要回答景观功能构成的五个方面是什么。
6. 对景观空间的分类一般包括哪几种方式？每种分类方式的内容是什么？
7. 从空间构成的角度来讲，景观空间是由哪几部分构成的？
8. 景观空间的形态构成要素是什么？
9. 怎样理解景观空间的地域性特征？结合实际举例说明。
10. 简述景观环境规划的含义。
11. 简述景观环境规划设计的基本内容包括哪些方面。
12. 简要回答景观环境规划设计的基本原则是什么。

13. 通过决策导向来进行景观环境规划的方法一般需要考虑哪六个层次的问题才可实现多解规划？

14. 景观设计的基本流程是什么？

15. 如何理解景观现场调查的重要性？

16. 一般来讲，景观功能需求分析应包括哪些方面的内容？

17. 你怎样理解景观设计中的后期管理与维护措施？

第四章
景观环境设计的图纸种类及内容要求

学习目标及基本要求：

了解景观环境设计图纸的种类及内容；理解各类图纸在不同设计阶段中其绘制内容与设计表达的关系；掌握各类景观环境设计图纸的表达方式及绘制要求；能够将所学理论知识与景观环境设计的实践相结合。

学习内容的重点与难点：

重点是景观环境设计图纸的种类、内容及表达方式。难点是如何将景观设计图纸的表达内容与景观建设项目相联系，并做到准确、全面、重点突出。

第一节 景观环境设计的图纸种类及内容

景观环境设计图纸主要分为景观环境分析图、景观平面布置图、景观地段剖面图、单元景观详图、景观透视表现图、景观模型这六种类型。

一、景观环境分析图

景观环境分析图是对景观现场及各种相关外部条件的综合性分析图纸，其表达内容会因景观设计现场的情况不同而有所调整。景观环境分析图一般应包括现状分析图、功能分析图、交通流线分析图、节点分析图、视线分析图、竖向分析图、绿化分析图以及景观示意图片等。此外，还有景观照明分析图、日照分析图等许多内容。

（一）景观现状分析图

景观现状分析图（又称“景观基地分析图”），是指在景观基地原始地貌图的基础上，将从基地收集来的有价值的资料通过绘图和加注文字的方式来进行景观现状分析的图纸。其表达的内容一般包括地形地貌、原有建筑的具体位置、植栽情况、土壤结构、气候条件、排水系统、最佳观察点，以及土地规划和开发利用情况等相关因素。图上要准确并清楚地标明景观基地的具体方位、占地面积、地面标高、常年风向等主要信息（图 4–1）。

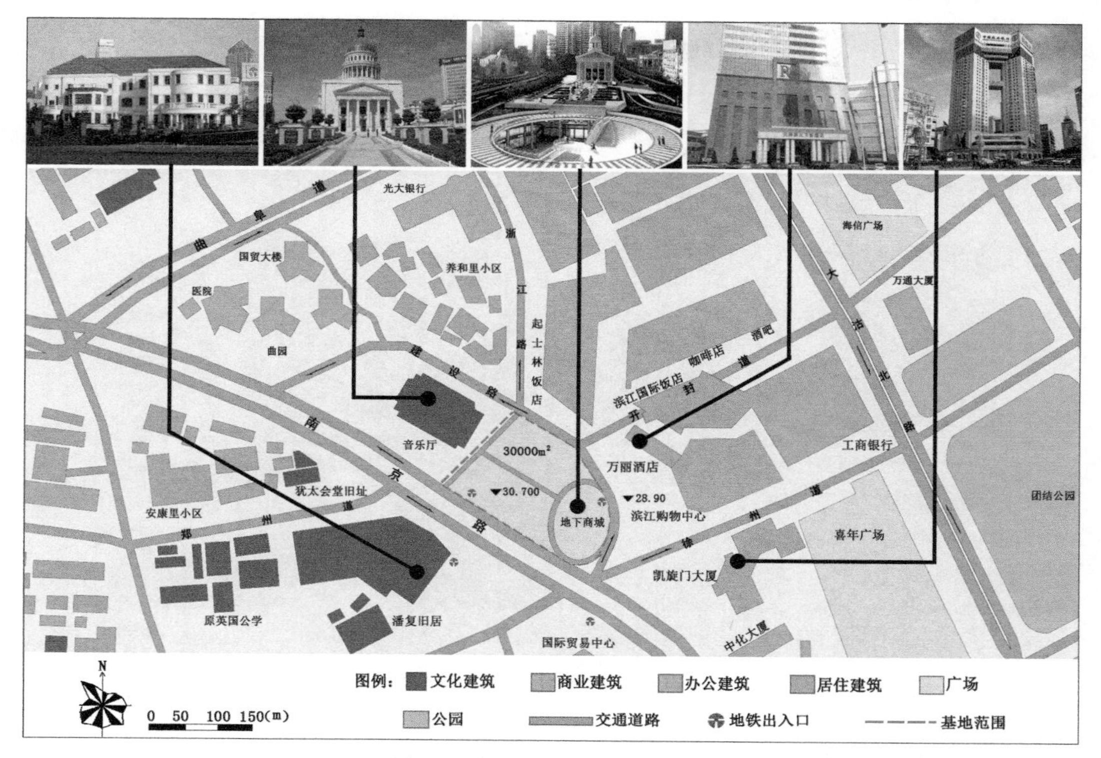

图 4–1　广场景观建筑现状分析图

（二）景功能分析图

景观功能分析图（又称“景观基地功能分析图”，简称“景观基能分析图”），是在景观基地分析及现状陈述的基础上，通过绘图与图解的方式来表达景观基地环境改造的功能设置情况和设计分析要点。在这里，由于景观基地的地理位置、使用功能及用途等不同，需要进行景观功能分析的相关因素也各有差异。景观功能分析图的表达内容应根据景观基地的客观要求和设计意图进行相应的全面分析。景观基地功能分析图的绘制内容一般包括在景观基地的功能设置中所有功能区的分布情况，如公共道路、防风林、隔离带、建筑、服务设施、停车用地、公共活动空间、给排水系统、景观设备与设施等许多方面的综合性分析。在景观基地功能分析图中，要注意标明指北针、设计分析图例以及绘制比例或参造物尺寸等图纸必备内容（图 4–2）。

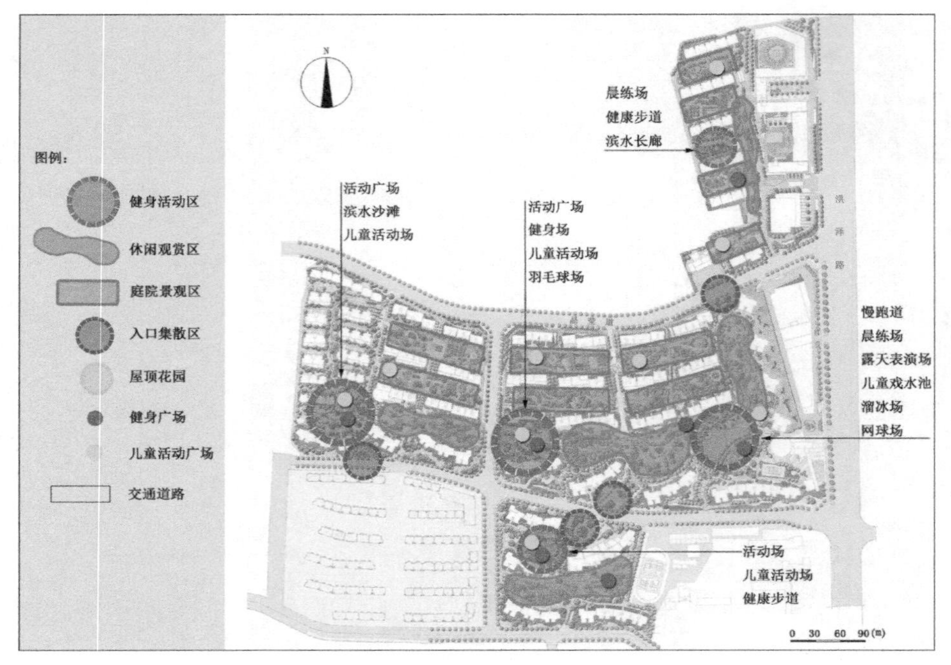

图 4–2　居住区景观功能分析图

（三）景观交通流线分析图

景观交通流线分析以视觉原理、色彩学、美学等学科为基础，主要包括景观道路线形、景观道路表现手法、景观道路构成和评价等方面的内容。

景观交通流线分析图，是指在道路可视范围内，就如何保持与周围环境更好的协调、如何更好地服务用路者，研究道路景观规律并应用于工程实践，以提高景观交通的舒适性、安全性的分析图纸（图 4–3）。

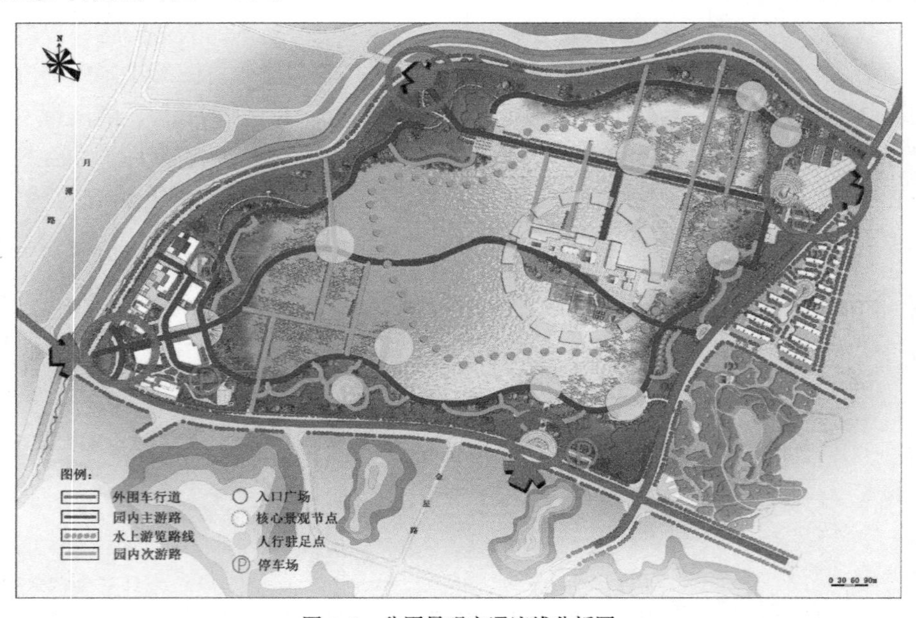

图 4–3　公园景观交通流线分析图

（四）景观节点分析图

1. 名词解释

（1）景观节点 景观节点是指人们在景观环境中视觉和活动的停留地点，一般有主要和次要景观节点之分。

（2）景观主轴线 景观主轴线是按一定思路把场地中各主要景观节点串联起来而形成的一条抽象辅助线，并作为景观形象的基本骨架。

（3）景观次轴线 一般沿主轴线向两边渗透，便可形成连接次要景观节点的景观次轴线。

2. 景观节点分析图的内容要求

在景观节点分析图中，一般包括主要景观节点、次要景观节点、景观主轴线、景观次轴线，以及景观渗透和景观视线等方面的分析内容。景观节点分析图的表达方式，详见第三章（图 3–34）“城市公园景观形象规划分析图”。

（五）景观视线分析图

景观视线分析图，是从视觉心理感受出发，对景观道路的空间线形、周围自然环境和沿线建筑协调关系等方面的综合分析，以满足视觉的连续性、舒适度及行为安全感。一般包括水平视野分析、垂直视野分析和视野协调分析三种分析方式（图 4–4）。

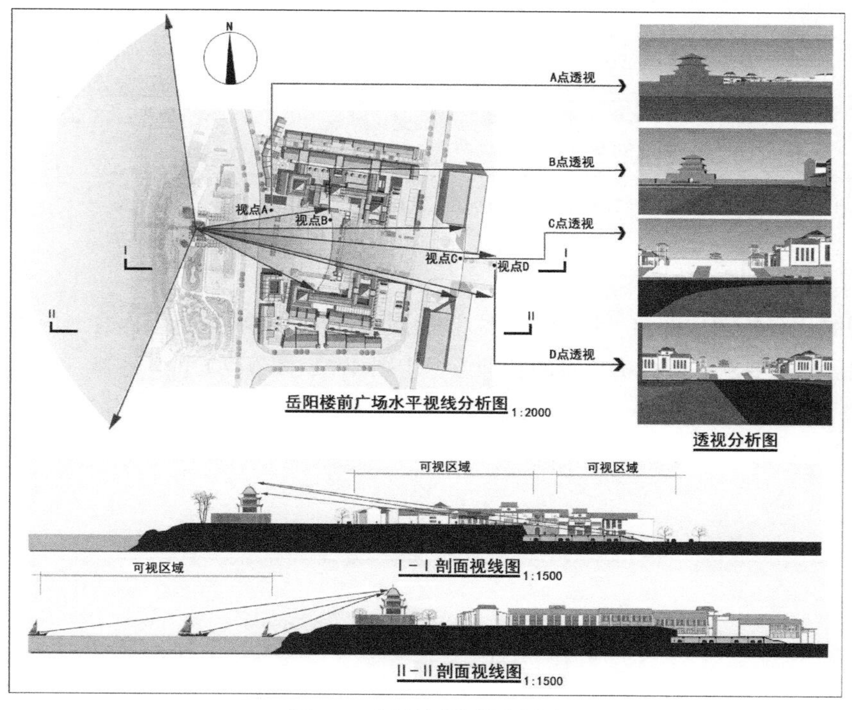

图 4–4 广场景观视线分析图

（六）景观竖向分析图

景观竖向分析图，是根据原始地形、地貌等条件将景观基地平面控制在合理的高程点。应做到充分利用自然地形与地貌，减少土方工程量；有效组织地面排水，控制道路坡度；

综合考虑市政管网的走向与布置，保证埋置深度；考虑绿化种植方案和景观视觉效果。景观竖向分析图一般是在景观平面定位图的基础上标明各景观控制点的标高和排水坡度，其控制点主要包括交通道路、广场铺装和绿化种植带等相关内容（图 4–5）。

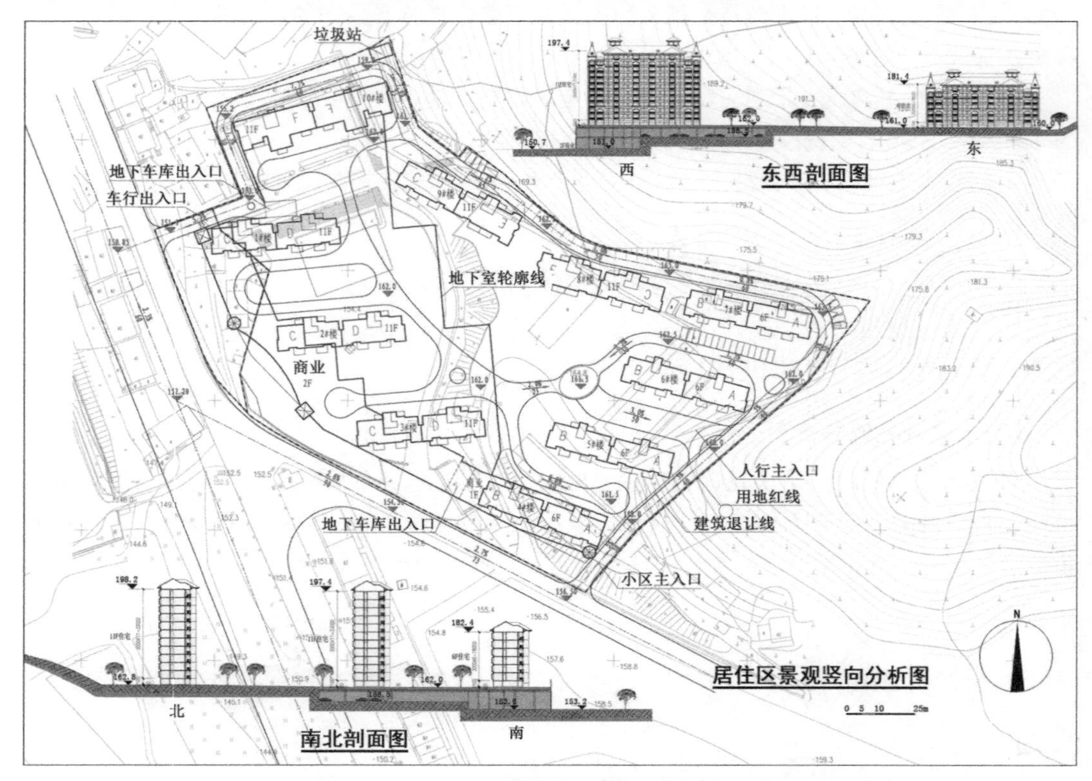

图 4–5　居住区景观竖向分析图

（七）景观绿化分析图

景观绿化分析图主要包括区位分析、自然因素分析、现状分析等内容，应根据景观基地的绿化现状及要求进行分析内容的合理组织（图 4–6、图 4–7）。

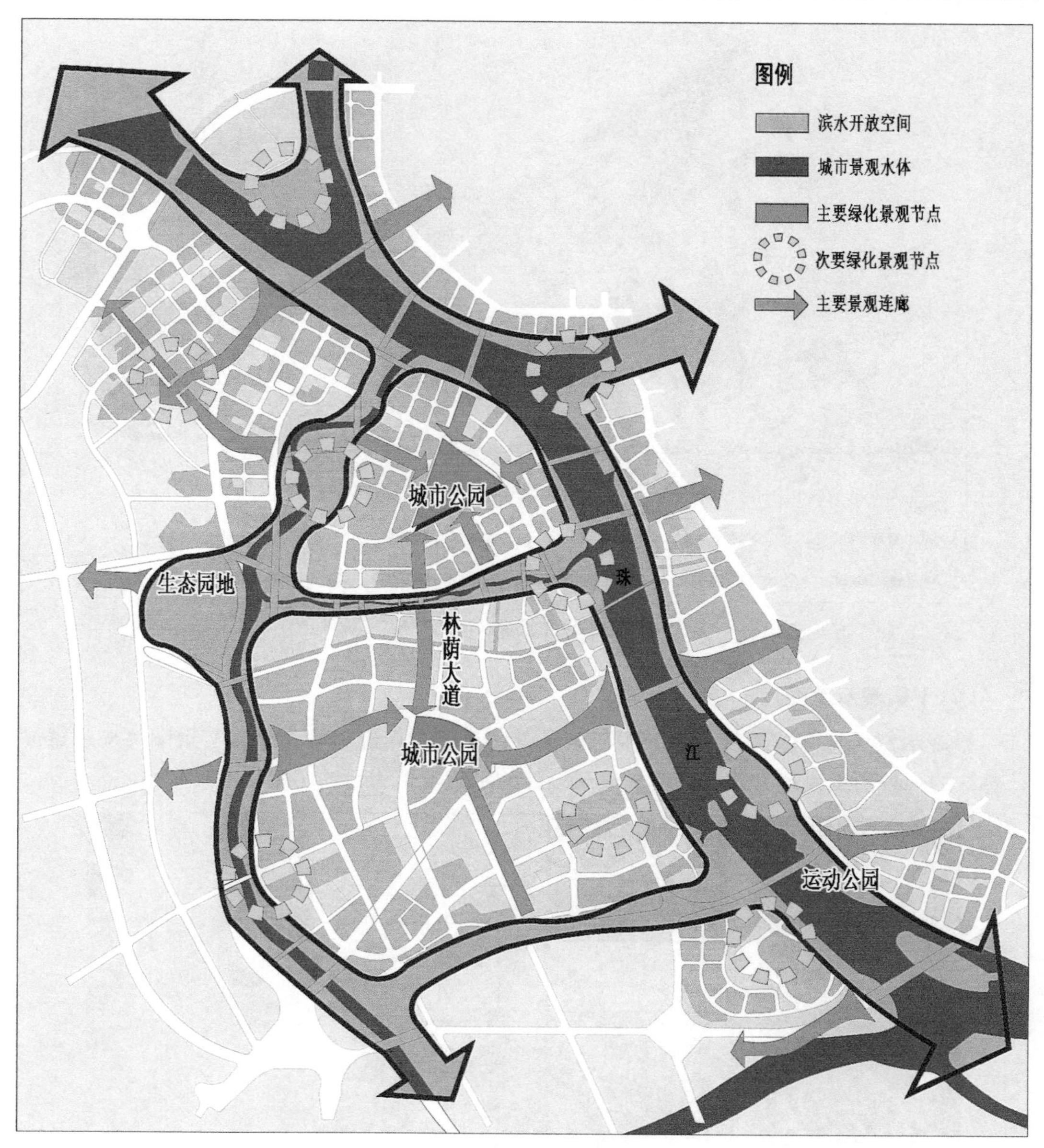

图 4–6　城市绿化景观分析图

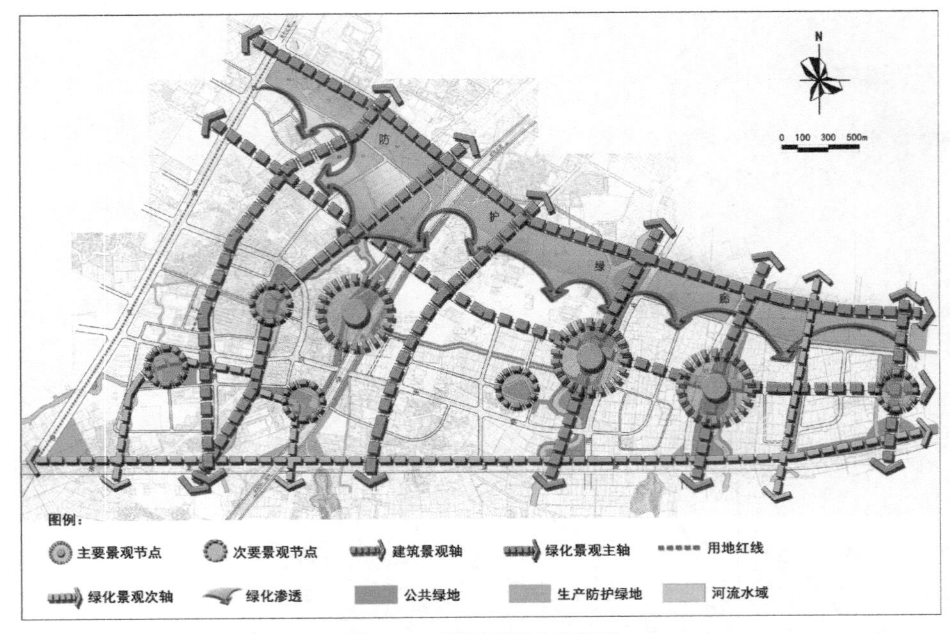

图 4-7　区域景观绿化分析图

（八）景观示意图片

景观示意（意向）图片，是采用与该景观设计内容相近似的手绘或实景图片来示意设计想法的一种图纸表达方式，以增加景观设计的示意效果为目的（图 4-8）。

图 4-8　公园景观示意图

二、景观平面布置图

景观平面布置图的主要表达内容一般包括地形地貌的改造、植物栽培情况、景观建筑、山石、水体、道路以及基础设施等方面的规划与设计。景观平面布置图应按比例绘制，并标明比例尺、指北针或风玫瑰图、说明文字，以及主要设计尺寸和标高等内容（图 4–9）。

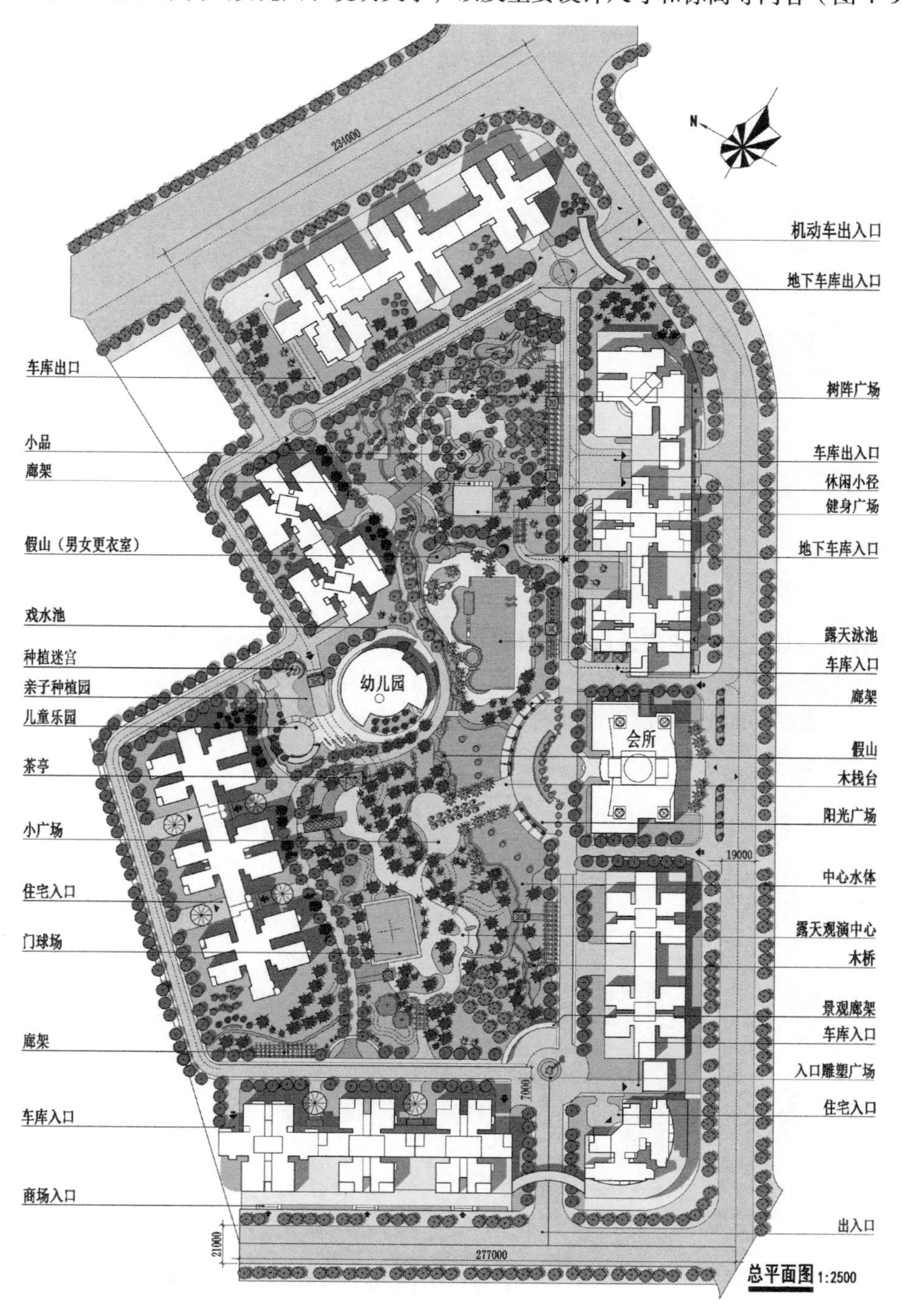

图 4–9　居住小区景观设计总平面图

三、景观地段剖面图

景观地段剖面图的主要表达内容一般包括地形地貌的改造、植物栽培情况、景观建筑、山石、水体、道路以及基础设施等方面的规划与设计。景观地段剖面图应按比例绘制，并标明比例尺、标高变化、主要设计尺寸以及说明文字和景物观察视线等有关内容，同时还必须在相应的平面图上标出剖切位置（图 4–10）。

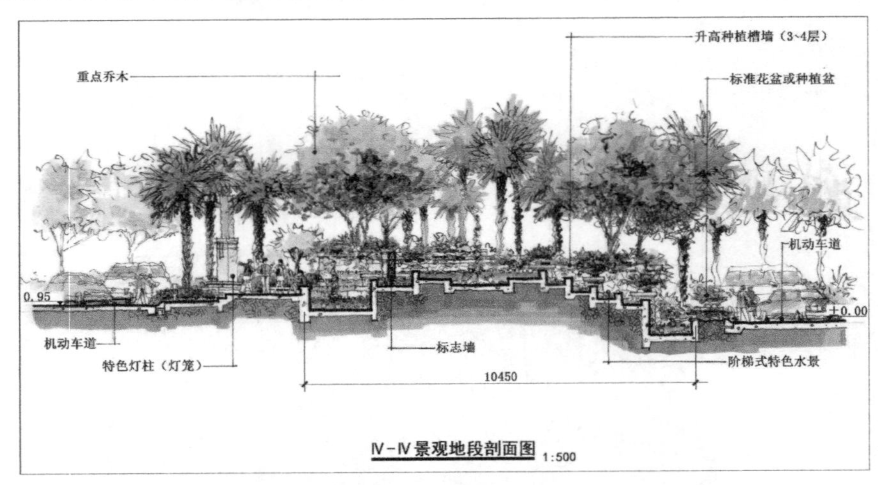

图 4–10　街道景观地段剖面图

四、单元景观详图

为让景观设计图纸的表达内容能够更加明确和细致，通常还需详细表达某一区域或局部景观的具体设计内容，这类图纸被称为“单元景观详图”。单元景观详图的图纸种类一般包括单元景观平面图、局部平面详图、剖面图、局部做法图等有关内容（图 4–11、图 4–12）。

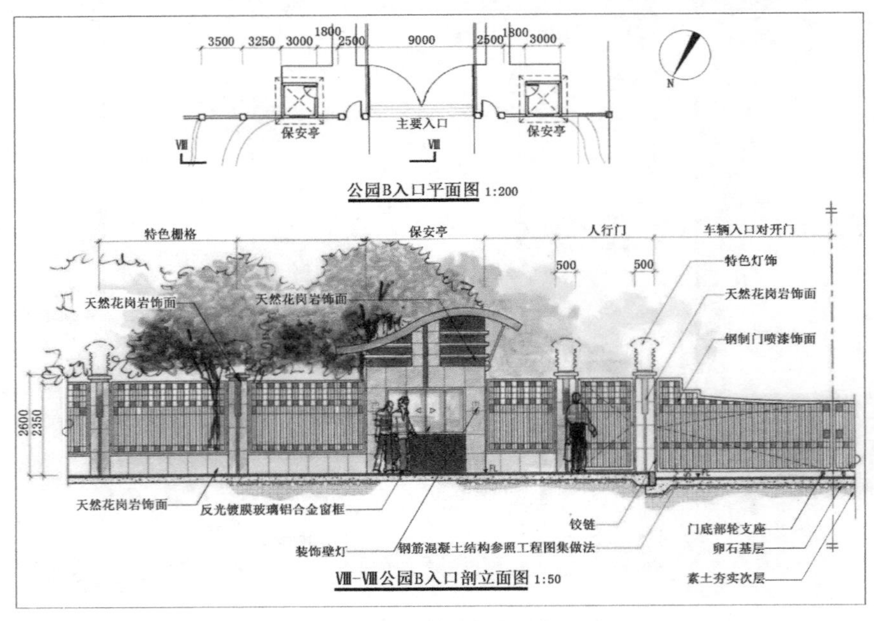

图 4–11　公园入口景观详图

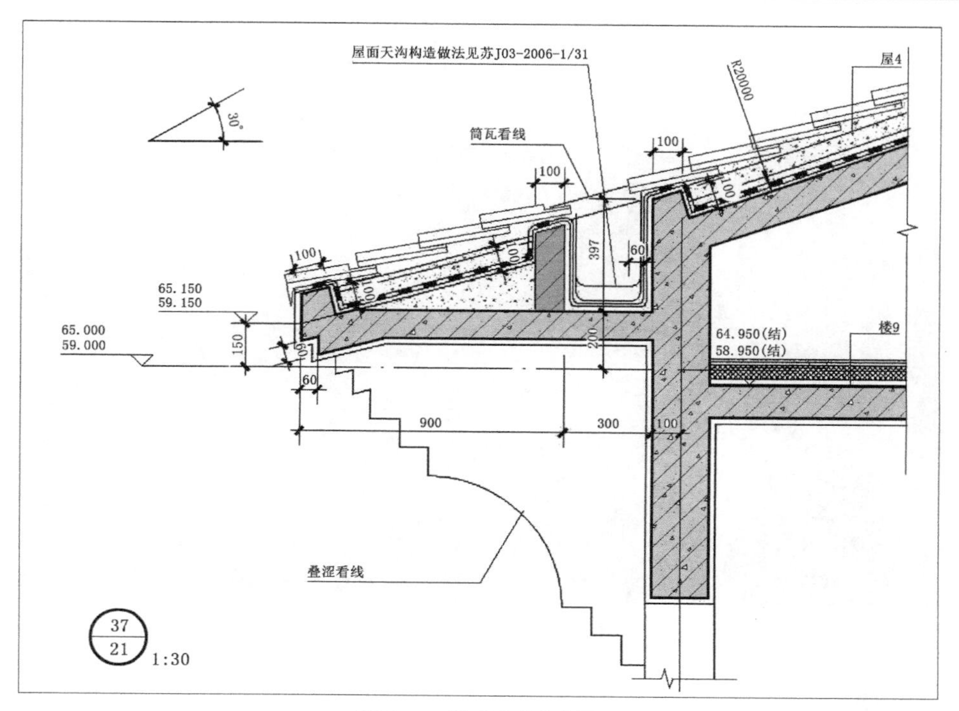

图 4–12　景观凉亭节点图

五、景观透视效果图

景观透视效果图，是景观环境设计与美术相结合的一种艺术表现形式，因此其表现方法也多种多样。景观透视效果图的观察视线一般包括正常视角和鸟瞰两种形式（图 4–13、图 4–14）。

图 4–13　街道景观透视效果图

图 4–14　行政新区景观鸟瞰图

六、景观模型

景观模型，包括实体模型（又称“沙盘”）和三维动画演示两种表达方式（图 4–15）。

图 4–15　生态型城市景观概念模型（实体）

第二节　景观设计各阶段的图纸内容及要求

景观设计图纸在各个不同的设计阶段均有相应的图纸绘制内容及要求。一般来讲，景观设计的图纸表达过程可分为概念性方案设计、建设性方案设计、扩初（即扩大初步的简称）设计、施工图设计四个阶段。其中，建设性方案设计是对概念性方案设计的深化和细节补充，扩初设计和施工图设计应在方案设计经双方认定之后方可继续出图。我们在学校学习期间，对景观设计的深入程度一般最多只做到建设性设计方案这一步。现将景观设计图纸在各设计阶段的绘制内容及深度要求分别做一下简要介绍。

一、概念性方案设计阶段

景观环境设计在概念性方案设计阶段的图纸内容及要求见表 4–1。

表 4–1　概念性方案设计阶段的图纸内容要求

类别	名称	备注
文字说明	图纸目录	
	设计说明	
概念方案设计分析图	景观概念设计及创新深化的分析图	
	景观功能布局的深化分析图	
	交通流线组织的深化分析图	
	景观空间类型及结构深化分析图	
	景观绿化系统结构深化分析图	
整体景观平面图	景观方案设计总平面图（CAD 绘制）	附必要文字、尺寸标注及图例
	景观设计彩色总平面图	附必要文字说明、图例
	景观绿化配置意向总平面图	树木搭配、空间围合等意向
	景观铺装分布及地形设计总平面图	包括材料、色彩、整体分布结构等
竖向图	主要景观剖面图	
透视图	重点景观部位概念设计效果图	各一张
	景观方案设计总体鸟瞰图	

二、建设性方案设计阶段

景观环境设计在建设性方案设计阶段的图纸内容及要求见表 4–2。

表 4–2 建设性方案设计阶段的图纸内容要求

类别	名称	备注
文字说明	图纸目录	
	设计说明	
概念方案设计分析图	概念设计及创新深化的分析图	
	景观功能布局的深化分析图	
	交通流线组织的深化分析图	
	景观空间类型及结构深化分析图	
	景观绿化系统结构深化分析图	
整体景观平面图	景观方案设计总平面图（CAD 绘制）	附必要文字、尺寸标注和图例
	景观设计彩色总平面图	附必要文字说明和图例
	景观绿化配置意向总平面图	树木搭配、空间围合等意向
	景观铺装分布及地形设计总平面图	包括材料、色彩、整体分布结构等
景观区域平面图	各主要区域的景观放大平面图	
	主要出入口的景观放大平面图	
竖向图	各区域的景观剖面图	均需提供至少一张剖面图
	典型道路与场地剖面图	人、车、路、景观、建筑的关系
景观细化设计图	各景点的详细设计，包括小品、水景、围墙、雕塑等的平面及剖面图	以清楚表达设计意图为原则
	景观配套设施的选择原则、建议及意向图片	如音箱、绿化、灯饰、桌椅、垃圾桶、标识、玩具、健身设施等
透视图	重点景观部位概念设计效果图	至少各一张
	景观方案设计总体鸟瞰图	
模型	景观项目三维模型	可采用电子三维模型 SketchUp 制作

三、扩初设计阶段

景观环境设计在扩初设计阶段的图纸内容及要求见表 4–3。

表 4–3 扩初设计阶段的图纸内容要求

类别	名称	备注
文字说明	图纸目录	编排合理，便于查阅
	扩初设计说明	包括设计原则、技术说明、依据等
景观扩初设计平面图	扩初设计总平面图	包括绿化、交通、场地、景点等
	扩初设计索引平面图	应方便找图，不漏项，便于清楚查阅
	景观材料及铺装平面图	反映材料的总体分布结构和色调
	绿化种植平面图及说明、苗木表	包括树木定位、搭配方式、树种选择、苗木控制规格等
	园林家具、标识、游戏器械定位平面图	园林家具含桌椅、垃圾桶等
	重要景观区域及铺装放大平面图、索引图	以清晰表达设计意图为原则
	景观地形竖向及标高平面图	景观场地、交接界面等标高情况
定位图	景观照明及背景音响设施定位图	灯具、音箱、数据统计表
	给排水设施的平面定位图	排水口、给水点、水表等

续表

类别	名称	备注
景观扩初细化设计图	景点扩初详图设计包括若干平、立、剖、节点大样以及必要的透视图	如景观设施建设及小品、场地、水景等
	景点的详细设计包括若干平立剖面、小品、水景、围墙、雕塑等图纸	以清楚表达设计意图为原则
待选定	园林家具及游戏器械的选型、定样	
各专类说明图纸	景观配套设施的选择原则、建议及意向图片	音箱、绿化、灯具、桌椅、垃圾桶、标识、玩具、健身设施等
	乔木需提供全冠幅的图片，灌木需提供成片种植的图片	
	种植说明	包括土壤造型详图及效果意向图片、种植规范说明和植物保养说明
概算	扩初阶段景观工程造价概算表	建设前期的估算控制
样板	主要景观材料的实物样板一套	完成扩初设计确认后提交
模型	景观项目扩初设计三维模型	可采用电子三维模型 SketchUp 制作

四、施工图设计阶段

景观环境设计在施工图设计阶段的图纸内容及要求见表 4–4。

表 4–4　施工图设计阶段的图纸内容要求

类别	名称	备注
文字说明	图纸目录	编排合理，便于查找和阅读
	施工图设计总说明	包括设计原则、技术说明、依据等
施工图设计平面图	施工图设计总平面	包括绿化、交通、场地、景点等
	扩初设计索引平面图	应方便找图，不漏项，便于清楚查阅
	施工图设计索引平面图	
	施工物料及铺装平面图	
	地形竖向及标高平面图	景观场地、交接界面等标高情况
	景观区域、铺装放大平面及索引图	
施工图各专类说明图纸	景观施工结构设计图纸及施工说明	
	景观施工电气设计图纸及施工说明	
	景观施工给排水设计图纸及施工说明	
	景观施工种植设计图纸及施工说明	1. 土壤造型详图及效果意向图片 2. 种植规范说明及植物保养说明
材料信息	施工图阶段的材料清单、样板及辅助色板、供货商信息	
模型	景观项目扩初设计三维模型	可采用电子三维模型 SketchUp 制作

第三节 景观制图的规范化要求

一、景观制图幅面尺寸及标题栏内容

以下是国家标准工程制图的图纸幅面及图框尺寸（图 4–16，表 4–5、表 4–6）。

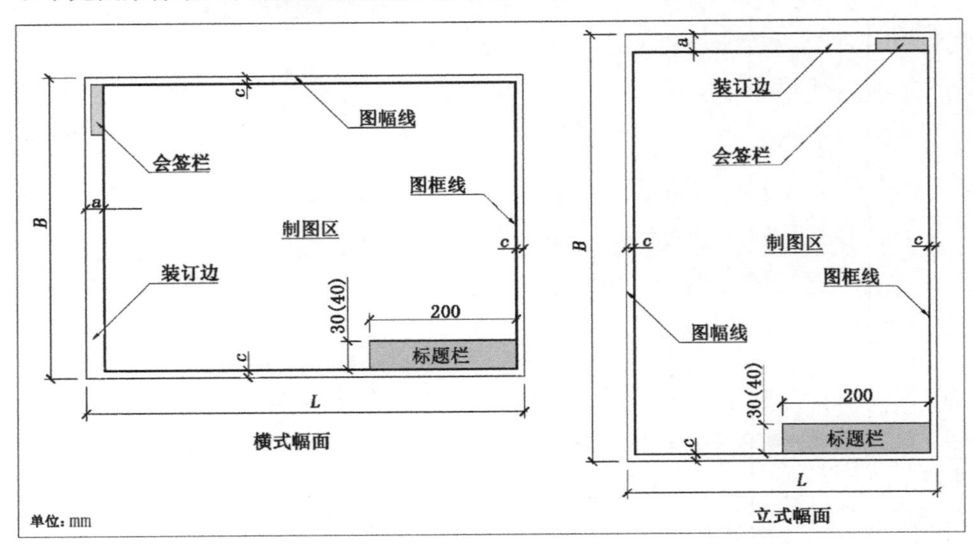

图 4–16 横式和立式图纸

表 4–5 工程制图幅面及图框尺寸（单位：mm）

尺寸代号 \ 幅面代号	A0	A1	A2	A3	A4
B×L（横式）	841×1189	594×841	420×594	297×420	210×297
B×L（立式）	1189×841	841×594	594×420	420×297	297×210
c	10			5	
a	25				

表 4–6 工程制图标题栏的填写内容

<table>
<tr><td colspan="3">设计单位名称区</td></tr>
<tr><td rowspan="2">签字区</td><td>工程名称区</td><td rowspan="2">图号区</td></tr>
<tr><td>图名区</td></tr>
</table>

二、景观制图的绘制比例

在绘制景观设计总平面图时，一般可选用的制图比例为 1:2000、1:1500、1:1000、1:500、1:800 或 1:600。选定图幅后，要根据表达内容的细节要求选定适合的绘图比例（表 4–7）。

表 4–7　工程图图纸的绘图比例

常用比例	1:1, 1:2, 1:5, 1:10. 1:20, 1:50 1:100，1:200，1:500，1:1000，1:2000，1:5000 1:10000，1:20000，1:50000, 1:100000，1:200000
可用比例	1:3，1:15，1:25，1:30，1:40，1:60 1:150, 1:250, 1:300, 1:400, 1:600 1:1500, 1:2500, 1:3000, 1:4000, 1:6000 1:15000, 1:30000

三、景观设计 CAD 制图的线型要求

应根据绘制图形的复杂程度确定适合的线宽组成，以区分每张图纸内容的主次关系，并且要保持这种线宽组成效果在整套图纸中的一致性。此外，也要保证每张图纸中的各种文字、数字、符号等大小的设定都相同。

（一）线宽

（1）特粗线宜选用 0.70 mm。

（2）粗线宜选用 0.50 mm。

（3）中线宜选用 0.25 mm。

（4）细线宜选用 0.18 mm。

（二）景观设计 CAD 制图的常用线型及用途

在景观设计 CAD 制图中的常用线型及用途见表 4–8。

表 4–8　常用线型及用途

名称	线型	线宽(mm)	用途
特粗实线	━━━━━	0.7	建筑剖面、立面中的地坪线、大比例剖面图中的剖切线，剖切线
粗实线	━━━━━	0.5	1. 平、剖面图中被剖切的主要建筑构造（包括构配件）的轮廓线 2. 建筑立面图的外轮廓线 3. 构配件详图中的构配件轮廓线
中实线	─────	0.25	1. 平、剖面图中被剖切到的次要建筑构造（包括构配件）的轮廓线 2. 建筑平、立、剖面图中建筑构配件的轮廓线 3. 构造详图中被剖切的主要部分的轮廓线 4. 植物外轮廓线
细实线	─────	0.18	图中应小于中实线的图形线、尺寸线、尺寸界限、图例线、索引符号、标高符号
中虚线	— — — — —	0.25	建筑构造及建筑构配件中不可见的轮廓线
点划线	—— · —— · ——	0.18	中心线、对称线
折断线	——╱╲——	0.18	断开界线
波浪线	～～～	0.18	断开界线

四、景观设计常用图例

（一）景观设计总平面图中的常用图例

在绘制景观设计总平面图时，常用的制图标准图例见表 4–9。

表 4–9 总平面图中的常用图例

名称	图例	说明
新建的建筑物		1. 上图为不画出入口的图例，下图为画出入口的图例 2. 需要时，可在图形内右上角以点数或数字（高层宜用数字）表示层数 3. 用粗实线表示
原有建筑物		1. 应注明拟利用名称 2. 用细线表示
计划扩建的预留地或建筑物		用中虚线表示
拆除的建筑物		用细实线表示
新建的地下建筑物或构筑物		用粗虚线表示
敞棚或敞廊		用细实线表示
围墙及大门		上图为砖石、砼（混凝土）或金属材料的围墙 下图为镀锌铁丝网、篱笆的围墙 如仅表示围墙时，不画大门
坐标	X=105.00 Y=425.00 A=131.51 B=278.25	上图表示测量坐标，下图表示施工坐标
填挖边坡		边坡较长时，可一端或两端局部表示
护坡		
室内标高	3.600	.
室外标高	143.000	
新建的道路	6 101.00 R9 150.00	1. “R9”表示道路转弯半径为 9m，“150.00”为路面中心的标高，“6”表示为 6% 的纵向坡度，“101.00”表示变坡点距离 2. 图中斜线为道路断面示意，根据实际需要绘制

续表

名称	图例	说明
原有道路		
计划扩建的道路	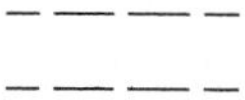	
人行道	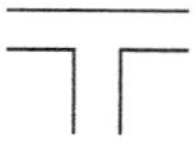	
桥梁	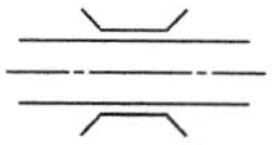	用于旱桥时应注明
雨水井和消火栓井		上图表示雨水井，下图表示消火栓井
针叶乔木		
阔叶乔木		
针叶灌木		
阔叶灌木		
修剪的树篱	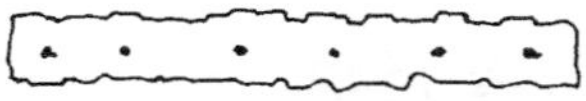	
草地	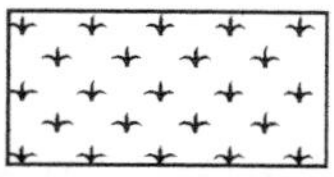	
花坛	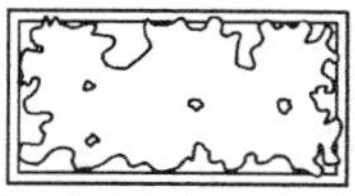	

（二）景观设计剖面图中的常用图例

在绘制景观设计剖面图时常用的建筑材料制图标准图例见表 4-10。

表 4-10　剖面图中的常用建筑材料图例

名称	图例	说明
自然土壤		包括各种自然土壤
夯实土壤		
砂	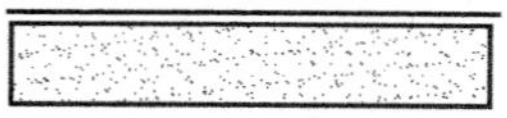	
灰土	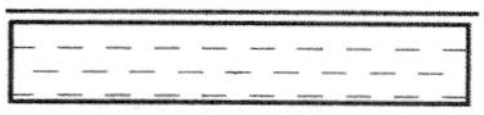	

续表

名称	图例	说明
砂砾石、碎砖三合土		
天然石材		包括岩层、砌体、铺地、贴面等材料
毛石		
普通砖		1. 包括砌体、砌块 2. 当断面较窄、不易画出图例线时，可涂红
砼		1. 本图例仅适用于能承重的砼及钢筋砼 2. 包括各种强度等级、骨料、添加剂的砼 3. 当在剖面图上画出钢筋时，不画图例线 4. 当断面较窄、不易画出图例线时，可涂黑
钢筋砼		
多孔材料		包括水泥珍珠岩、沥青珍珠岩、泡沫砼、非承重加气砼、泡沫塑料、软木等
木材		1. 上图为横断面，左上图为垫木、木砖、木龙骨 2. 下图为纵断面
金属		1. 包括各种金属 2. 图形小时，可涂黑

第四节 景观工程施工图的内容及要求

为了更好地将景观设计的课堂练习内容与生产实践相结合，我们在初步学习如何画景观设计图纸的过程中，很有必要先来了解一些有关景观工程施工图纸的绘制内容及要求，以便更好地明确在景观方案设计中其图纸的绘制内容与基本任务。现就此问题来简要介绍一下。

为方便在施工过程中翻阅图纸，景观工程施工图通常分为总图和分部施工图两部分。

一、总图部分的内容及要求

（一）封面

包括景观设计工程名称、工程地点、工程编号、设计阶段、设计时间、设计单位名称。

（二）图纸目录

应按编排顺序列出总图部分的全部图纸纲目。

（三）设计说明

设计说明一般包括工程概况、设计要求、设计构思、设计内容简介、设计特色，以及各类景观材料统计表等基本内容。

（四）总平面图

总平面图上要详细标注出景观设计场地所涉及的道路、建筑、水体、花坛、小品、雕塑、设备、植物等在平面中的位置及各部分的名称，同时还要标出主要的经济技术指标、地区风玫瑰图及比例尺等图纸必备内容。

视总平面图的绘制内容可采用A1或A0图幅，常用绘制比例为1:2000、1:1500、1:1000、1:500、1:800及1:600。在一般情况下，此类图纸的图幅应保持一致。

（五）种植总平面图

要详细标注各类植物的种植点、品种名、规格、数量，以及植物配置简要说明与苗木统计表和指北针等内容。

（六）雕塑与小品总平面布置图

在雕塑与小品总平面布置图中，应隐藏种植设计，详细标出设计中涉及的景观雕塑与小品的平面位置、其中心点与总平面控制轴线的位置关系，以及景观雕塑与小品的分类统计表和指北针等有关内容。

（七）铺装与物料总平面图

在铺装与物料总平面图中，应隐藏种植设计，详细标注各区域内硬质铺装材料的材质及规格、材料设计选用说明、铺装材料图例、铺装材料用量统计表（按面积计算）、指北针等内容。

（八）总平面放线图

在总平面放线图中，应隐藏种植设计，详细标注出各类建筑、构筑物、广场、道路、平台、水体、主题雕塑等主要控制点及相应的尺寸。

（九）总平面分区图

在总平面分区图中，要隐藏种植设计，根据图纸的内容需要，用特粗虚线将总平面分成相对独立的若干区域，并对各区域进行编号，另外应标明指北针。

（十）分区平面图

在分区平面图中，应按总平面分区图的内容将各区域平面进行放大绘制，并补充平面细部，应画出指北针。只有当总平面分区图不能继续表达图纸细部内容时，才会设置分区平面图。

（十一）分区平面放线图

要详细标注各分区平面的控制线及建筑、构筑物、道路、广场、平台、台阶、斜坡、雕塑与小品基座、水体等控制尺寸。

（十二）分区铺装平面图

要详细绘制各分区平面内的硬质铺装花纹，详细标注各铺装花纹的材料材质及规格，应画出指北针。

（十三）分区铺装平面放线图

在分区铺装平面图的基础上，应隐藏材料材质及规格的标注，注明铺装花纹的控制尺寸。

（十四）竖向设计总平面图

在竖向设计总平面图中，应隐藏种植设计，详细标注各主要高程控制点的标高、各区域内的排水坡向及坡度大小、区域内高程控制点的标高及雨水收集口位置、建筑与构筑物散水标高、室内地坪标高或屋顶标高、微地形等高线及最高点标高以及台阶和坡道的方向等内容。标高可采用绝对或相对坐标系统进行标注，当采用相对标高标注时应标出0标高的绝对坐标值，要画出指北针。

二、分部施工图的内容及要求

分部施工图一般包括建筑与构筑物施工图、铺装施工图、雕塑与小品施工图、地形与假山施工图、种植施工图、灌溉系统施工图、水景施工图。为便于施工过程中的图纸翻阅，分部施工图应采用A3图幅绘制。分部施工图的绘制比例一般采用1:200、1:100、1:300、1:150或1:50。

（一）封面

包括景观设计工程名称、工程地点、工程编号、设计阶段、设计时间和设计单位名称。

（二）图纸目录

应按编排顺序列出分部施工图的全部图纸纲目。

（三）设计说明

设计说明的基本内容一般包括工程概况、设计要求、设计构思、设计内容简介、设计特色，以及各类材料表和主要植物品种目录等内容。

（四）建筑与构筑物施工图

1. 建筑与构筑物平面图

要绘制建筑与构筑物的底层平面图及建筑的各楼层平面图，应画出指北针，详细标出墙体、柱子、门窗、楼梯、栏杆、装饰物等的平面位置及详细尺寸。

2. 建筑与构筑物立面图

要绘制建筑与构筑物的主要立面图或展开图，应详细绘制门窗、栏杆、装饰物的立面造型，以及标注洞口和地面标高，并标注相应尺寸。

3. 建筑与构筑物剖面图

要绘制建筑与构筑物的重要剖面图，应详细表达其内部构造、工程做法等内容，以及标注洞口和地面标高，并注明相应尺寸。

4. 建筑与构筑物施工详图

要详细表达平、立、剖面图中索引到的各部分详图内容，如建筑物的楼梯详图、室内铺装做法详图等。

5. 建筑与构筑物基础平面图

要绘制出建筑与构筑物的基础形式和平面布置尺寸等相关内容。

6. 建筑与构筑物基础详图

在建筑与构筑物基础详图中，一般包括建筑与构筑物基础的平、立、剖面详图以及配筋和钢筋表等内容。

7. 建筑与构筑物结构图

在建筑与构筑物结构图中，一般包括建筑的各层地面、墙、梁、柱、板的位置与尺寸，楼板、楼梯板的配筋，以及楼板和楼梯的钢筋表等内容。

8. 建筑与构筑物结构详图

在建筑与构筑物结构详图中，一般包括梁、柱的剖面图，以及配筋和钢筋表等内容。

9. 建筑给排水图

要标明室内给排水管的接入位置、给水管线布置、洁具位置、地漏位置、排水管线布置、排水管与外网的连接等内容。

10. 建筑照明电路图

要标明室内布线、控制柜、开关、插座的位置与材料型号，以及材料用量统计表等内容。

（五）景观铺装施工图

1. 分区铺装平面图

要绘制各分区平面内的硬质铺装花纹，应详细标注各铺装花纹的材料材质及规格，注明重点铺装位置的平面索引编号，画出指北针。

2. 局部铺装平面图

要绘制分区铺装平面图中索引到的重点部位铺装图，应详细标注铺装放样尺寸、材料材质及规格等设计内容。

3. 铺装大样图

要绘制铺装花纹的大样图，应详细标注设计尺寸及所用材料的材质和规格等内容。

4. 铺装详图

在铺装详图中，一般包括室外景观中各类铺装材料的详细剖面工程做法图、台阶做法详图、坡道做法详图等内容。

（六）雕塑与小品施工图

1. 雕塑详图

在雕塑详图中，一般包括雕塑主要立面表现图、雕塑放样图、雕塑设计说明及材料说明等内容。

2. 雕塑基座施工图

在雕塑基座施工图中，一般包括雕塑基座平面图（基座平面形式和详细尺寸）、雕塑基座立面图（基座立面形式、装饰花纹、材料标注、详细尺寸）、雕塑基座剖面图（基座剖面详细做法、详细尺寸）、基座设计说明等内容。

3. 景观小品平面图

要绘制出景观小品的平面形式、详细尺寸、材料标注等内容。

4. 景观小品立面图

要绘制出景观小品的主要立面、使用材料、详细尺寸等内容。

5. 景观小品剖面图

要绘制出景观小品的各剖面形式及施工做法。

6. 景观小品做法详图

要详细绘制景观小品施工图中索引的各详图以及景观小品基座做法详图等内容。

（七）地形与假山施工图

1. 地形平面放线图

要在各分区平面图中用网格法绘出地形放线。

2. 假山平面放线图

要在各分区平面图中用网格法为假山放线。

3. 假山立面放样图

用网格法为假山立面放样。

4. 假山做法详图

在假山做法详图中，一般包括假山基座平、立、剖面图，山石堆砌做法详图，塑石做法详图等内容。

（八）种植施工图

1. 分区种植平面图

要按分区地块详细标注各类植物的种植点、品种名称、规格、数量，以及植物配置的简要说明和区域苗木统计表等内容，在图纸中要绘出指北针。

2. 种植放线图

要用网格法对各分区内植物的种植点进行定位，对形态复杂区域可放大后再用网格法做详细定位。

（九）灌溉系统施工图

1. 灌溉系统平面图

要按分区地块绘制灌溉系统平面图，详细标明管道走向、管径、喷头位置及型号、快速取水器位置、逆止阀位置、泄水阀位置、检查井位置，以及材料图例和材料用量统计表等内容，在图纸中要绘出指北针。

2. 灌溉系统放线图

要用网格法对各分区内的灌溉设备进行定位。

（十）水景施工图

1. 水体平面图

要按比例绘制水体的平面形态，标注详细尺寸。旱地喷泉要绘出地面的铺装图案和水篦子的位置，并标注材料的形状、材质及规格等内容，应绘出指北针。

2. 水体剖面图

要详细表达景观水体的工程剖面构造、做法及高程变化，并标注尺寸、常水位、池底标高、池顶标高等设计内容。

3. 喷泉设备平面图

要详细绘出喷泉设备的定位位置并注明型号。详细标注喷泉设备的布置尺寸以及设备图例和材料用量统计表等内容，应绘出指北针。

4. 喷泉给排水平面图

应在喷泉设备平面图中布置喷泉给排水管网，标注管线走向、管径及材料用量统计表等内容，要画出指北针。

5. 水型详图

应绘制出主要水景的水型平、立面图，标注水型类型和水型的宽度、长度、高度及颜色，并用文字说明水型设计的意境及水型的变化特征等内容。

6. 给排水设计总平面图

在给排水总平面图中，应隐藏种植设计，详细标出给水系统与外网给水系统的接入位置，水表、检查井、闸门井等位置以及排水系统的雨水口、溢水口、排水口等位置。同时还要注明给排水管网的布置情况及管径、给排水图例、给排水系统材料表等内容，要画出指北针。

（十一）电气施工图

1. 电气设计说明及设备表

在电气设计说明及设备表中，一般包括详细的电气设计说明和设备表，要标明设备型号、数量、用途等电气设计内容。

2. 电气系统图

电气系统图是指详细的配电柜电路系统图，其中包括室外照明系统、水下照明系统、水景动力系统、室内照明系统、室内动力系统、其他用电系统、备用电路系统等施工图纸。要编写电路系统设计说明，标明各条回路所使用的电缆型号、控制器型号、安装方法、配电柜尺寸等电气施工内容。

3. 电气平面图

要在总平面图的基础上，标明各种普通照明、景观照明的灯具位置以及型号、数量、线路布置、线路编号、配电柜位置等内容。要列出图例符号和画出指北针。

4. 动力系统平面图

要在总平面图的基础上，标明各动力系统中水泵、大功率用电设备的平面位置、名称、型号、数量、线路布置、线路编号以及配电柜位置等内容，要列出图例符号和画出指北针。

5. 水景电力系统平面图

要在水体平面图上标明水下灯、水泵等位置及型号，标明电路管线的走向及套管、电缆的型号。同时还要列出材料用量统计表和画出指北针。

思考题与习题

1. 景观环境设计的图纸表达种类共有哪几种？
2. 景观环境分析图都包括哪些方面的分析内容？
3. 景观节点分析图与景观视线分析图有何区别？
4. 临摹几张景观设计手绘效果图，体会一下空间透视的绘制过程。
5. 建设性方案设计阶段的景观设计图纸应包括哪些内容？
6. 景观设计的概念性模型与真实场景有何不同？
7. 景观工程施工图由哪两个部分的设计图纸组成？

第五章
居住区景观环境设计

学习目标及基本要求：

了解居住区类型、景观设计种类和有关设计要求；理解居住区景观环境设计原则与基本设计思路；掌握居住区景观规划与设计的基本方法，能够灵活运用所学知识将理论与设计实践相结合，能够进行居住小区景观环境的概念性和建设性方案设计。

学习内容的重点与难点：

重点是居住区景观环境的设计原则和景观规划方法。难点是如何运用所学知识正确绘制出居住小区景观环境设计方案的各种图纸。

第一节 居住区的类型及常用设计概念

居住区建设应结合现代景观设计理念，倡导人性化、个性化、多元化的生态原则，要注重人与自然的和谐共存，以改善城市生态质量和人居环境为目的。居住区的类型划分有以下几种方式，现分别简要介绍一下。

一、居住区的类型划分

（一）按居住户数或人口规模划分

居住环境可分为居住区（30000 ~ 50000 人）、小区（10000 ~ 15000 人）、组团（1000 ~ 3000 人）三种类型。

（二）按土地开发性质划分

居住区可分为新建居住区和改建居住区（图 5-1）。

图 5–1 新建居住区局部景观

（三）按所处位置划分

居住区可分为市内居住区、近郊居住区、远郊工矿区居住区等。

（四）按布局形式划分

居住区可分为集中型居住区、分散组团型居住区等。

（五）按住宅层数和人口密度划分

居住区可分为高层高密度居住区、低层低密度居住区和低层高密度居住区等。

（六）按投资及建设要求划分

居住区可分为示范型居住区、普通居住区、高档居住区以及经济适用住房居住区等。

二、居住区景观环境设计常用名词的概念

在进行景观环境设计时，我们总会涉及一些与土地开发或城市规划等有关的名词、概念及参数，现分别来介绍一下这些专业名词和概念。

（一）居住小区

通常称小区，是指被城市道路或自然分界线所围合，并与居住人口规模 10000 ~ 15000 人相对应，配建有一套能满足该区居民基本物质与文化生活所需的居住生活聚居地。

（二）住宅组团

在城市居住区规划与设计中，住宅组团是指将若干栋住宅集中布置在一起，在建筑上

形成整体的、生活上有密切联系的一种住宅组织形式（图 5–2）。

图 5–2　居住区住宅组团

（三）公共绿地

是指满足规定的日照要求、适合安排游憩活动设施、供居民公共活动的集中绿地，包括居住区公园、小游园和组团绿地及其他块状带状绿地等。

（四）配建设施

是指对应人口规模或住宅规模配套建设的公共服务设施、道路和公共绿地等部分的总称。

（五）建筑红线

也称建筑控制线，是指城市规划管理中控制城市道路两侧沿街建筑或构筑物的界线（图 5–3）。

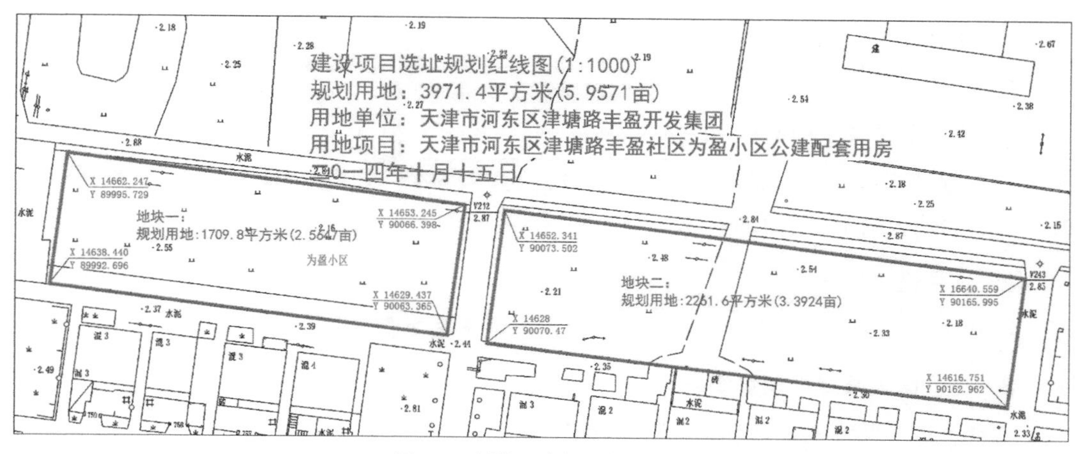

图 5–3　居住区建筑定位红线图

（六）停车率

指居住区内居民汽车的停车数量与居住户数的比率。

（七）规划建设用地面积

是指项目用地红线范围内的所有土地面积。

（八）建筑密度

即建筑覆盖率，是指项目用地范围内所有基底面积之和与规划建设用地面积之比。

（九）建筑面积

是指建筑外墙（柱）勒角以上各层的外围水平投影面积之和，包括阳台、挑廊、地下室、室外楼梯，且层高不小于 2.2m、有上盖、结构牢固的永久性建筑。

（十）建筑容积率

是指项目规划建设用地范围内全部建筑面积与规划建设用地面积之比。

（十一）绿地率

是指规划建设用地范围内，符合绿地计算要求的绿地面积与规划建设用地面积之比。

第二节 居住区景观环境设计分类与相关要求

景观设计元素是构建景观环境的基本素材，居住区景观的设计一般包括绿化种植景观、道路景观、场所景观、硬质景观、水景景观、庇护景观、模拟化景观、高视点景观、照明景观等类型，现分别来做一下简要介绍。

一、绿化种植景观

（一）居住区公共绿地设置

1. 居住区公共绿地指标

公共绿地指标应根据居住人口规模计算，其中组团级不少于 0.5m^2/ 人，小区级不少于 1m^2/ 人，居住区级不少于 1.5m^2/ 人。

2. 居住区绿地率

新建居住区的绿地率应≥ 30%，旧区改造绿地率宜≥ 25%。

3. 居住区公共绿地设置要求

居住区的公共绿地设置应满足以下规定。

（1）居住区的公共绿地至少有一边与相应级别的道路相邻。

（2）应有不少于 1/3 的绿地面积在标准日照阴影范围之外。

（3）块状、带状公共绿地的宽度应不小于 8m，面积不少于 $400m^2$。

（二）居住区的植物配置方式

适用居住区种植的植物一般包括乔木、灌木、藤本植物、草本植物、花卉及竹类等。

1. 居住区绿化植物的配置原则

（1）满足绿化的功能要求，适应所在地区的气候、土壤条件和自然植被分布特点，选择抗病虫害强、易养护管理的植物，体现良好的生态环境和地域特点（图 5–4）。

图 5–4　居住区生态绿化景观

（2）充分发挥植物的各种功能和观赏特点，应合理配置植物，使常绿与落叶、速生与慢生相结合，并构成多层次的复合生态结构，使人工配置的植物群落与自然相和谐。

（3）植物的品种选择要在统一的基调上力求丰富多样。

（4）要注重植物种植位置的选择，以免影响室内的采光通风和其他设施的管理维护。

2. 居住区植物配置方式

在居住区中的植物配置方式主要有以下几种。

（1）绿篱设置　绿篱有组成边界、围合空间、分隔和遮挡场地的作用，也可作为雕塑小品的背景。绿篱以行列式密植植物为主，可分为整形绿篱和自然绿篱两种造型方式。

（2）宅旁绿化　宅旁绿化特别具有通达性和实用观赏性，但应考虑绿化树木对宅内透光及通风的影响。宅旁绿地应设置方便居民行走及滞留的适量硬质铺地。荫影区宜种植耐荫植物（图 5–5）。

图 5-5 宅旁绿化景观

（3）隔离绿化 居住区道路两侧应栽种乔木、灌木和草本植物，以起到净化环境和降低噪音的作用。行道树应选择遮阳效果较好的树种。在公共活动场地与住宅之间，应设有乔木和灌木构成的隔离绿地，以避免公共活动对住宅产生干扰。居住区内的欠美观地区可用灌木或乔木加以遮蔽。

（4）平台绿化 平台绿化的下部空间可作为停车库、辅助设备用房、商场及活动健身场地等使用，平台空间可作为行人活动场所。要把握"人流居中，绿地靠窗"的原则，应防止行人对平台首层居民的视线干扰。

（5）屋顶绿化 屋顶绿地分为坡屋面和平屋面绿化两种。坡屋面绿化多选贴伏状藤本或攀缘植物。平屋顶绿化以种植观赏性花木为主。

（6）停车场绿化 停车场绿化分为周界绿化、车位间绿化以及地面绿化和铺装等几种方式。

3. 道路交叉口植物布置要求

在居住区道路交叉口处种植树木时，必须留出非植树区，以保证行车安全视距，而且不得妨碍路灯的照明。

二、道路景观

道路具有明确的导向性，道路两侧的景观环境应符合交通导向要求，路面及路边绿化应具有韵律感和观赏性。在满足交通需求的同时，道路空间可形成重要的景观视线走廊。

（一）居住区道路设置要求

居民区的道路设置分为居住区（周边）道路、小区道路、组团道路和住宅间小路四个不同等级，其道路宽度应符合以下规定。

（1）居住区道路的红线宽度不宜小于 20m；

（2）小区道路的路面宽度为 6 ~ 9m；

（3）组团道路的路面宽度为 3 ~ 5m；

（4）消防通道的路面宽度及上空高度不得小于 4m × 4m；

（5）宅间小路的路面宽度不宜小于 2.5m。

（二）居住区道路

1. 铺地

居住区铺地的常用材料，一般包括沥青、混凝土、地砖、天然石材、防腐木等（图 5-6）。

图 5-6 住宅组团的道路景观

2. 道路车档

道路车档是限制车辆通行和停放的路障设施。道路车档的高度为 0.7m 左右，间距为 0.6m；有轮椅和其他残疾人用车的区域，车档间距按 0.9 ~ 1.2m 设置。

3. 缆柱

缆柱是限制车辆通行和停放的路障设施，缆柱分为有链条和无链条两种拦阻方式，高度为 0.4 ~ 0.5m，间距宜为 1.2m 左右。揽柱也可作为临时坐具使用。

三、场所景观

（一）健身运动场

居住区运动场分为专用运动场和健身运动场。专用运动场包括网球场、羽毛球场、门球场、游泳场等；健身运动场由运动区和休息区组成，应避免健身运动场的声音扰民。

（二）休闲广场

休闲广场应设于住区的人流集散地带，要保证大部分面积有日照和遮风条件。其周边宜种植庭荫树和设置座椅，出入口应符合无障碍要求。广场应设有夜晚灯光照明（图 5-7）。

图 5-7 居住区休闲广场景观

（三）游乐场

儿童游乐场应在景观绿地中划出固定的区域，一般均为开敞式，要有较好的通视性，以便于成人对儿童进行目光监护。

四、硬质景观

硬质景观是相对种植绿化等软质景观而言的，泛指用质地较硬的材料组成的景观。硬质景观主要包括雕塑小品、围墙和栅栏、挡土墙、坡道、台阶及一些便民设施等，现介绍如下。

（一）雕塑小品

雕塑小品可赋予景观环境以生气和主题，提高景观环境的艺术品位。雕塑小品按使用功能可分为纪念性、主题性、功能性及装饰性等表现形式（图 5-8）。

图 5-8 居住区景观小品

（二）便民设施

居住区的便民设施一般包括音响设施（音箱高度宜为 0.4 ~ 0.8m 且相对隐蔽）、自行车架、垃圾容器、座椅与坐具、书报亭、公用电话及邮政信报箱等，其选址应方便易达。

在居住区内宜将多种便民设施组织在一起，以节省空间和增强视景特征，现将居住区中主要的便民设施简要介绍一下。

1. 自行车架

自行车在居住区露天场所停放时，应划分出专用场地并安装自行车停放车架。

2. 垃圾容器

垃圾容器一般设在道路两侧和居住单元出入口附近，分为固定式和移动式两种。普通垃圾箱的规格为高 0.6 ~ 0.8m，宽 0.5 ~ 0.6m。垃圾箱放置在公共广场时，高宜在 0.9m 左右，直径不宜超过 0.75m。

3. 座椅与坐具

（1）座椅及坐具是居住区内提供的休闲与休息设施，同时也可作为景观的装点。应结合景观环境规划来考虑座椅的造型、色彩及材料。其选址应便于居民休息和观景。

（2）室外座椅及坐具的座高为 0.38 ~ 0.40m，座宽为 0.40 ~ 0.45m。单人座椅长度约 0.6m，双人座椅约 1.2m，三人座椅约 1.8m，靠背倾角以 100° ~ 110° 为宜。

（三）信息标志

居住区的信息标志一般分为四类，即名称标志、环境标志、指示标志、警示标志。其安放位置应醒目，且不对行人交通及景观环境造成妨碍。

（四）栏杆和扶手

1. 栏杆

栏杆具有拦阻功能，是分隔空间的重要构件，常用材料有铸铁、铝合金、不锈钢、木材、竹子、混凝土等。栏杆分为三种形式，分别是矮栏杆，高度为 0.3 ~ 0.4m，多用于绿地边缘；高栏杆，高度约 0.9m，有较强的分隔与拦阻作用；防护栏杆，高度多在 1.0 ~ 1.2m，可起到防护围挡作用（图 5–9）。

图 5–9 栏杆的防护围挡功能

2. 扶手

扶手一般设在坡道、台阶两侧，高度约0.9m，当室外踏步级数超过3级时，必须设置扶手。供轮椅使用的坡道，应设置高度为0.65m和0.85m的两道扶手。

（五）围栏或栅栏

围栏、栅栏具有限入、防护、分界等多种功能，立面构造多为栅状和网状、透空和半透空等形式。围栏一般采用钢制、铁制、铝合金制、木制、竹制等材料。栅栏竖杆的间距不应大于110mm。

（六）挡土墙

挡土墙从结构形式上，分为重力式、半重力式、悬臂式和扶臂式挡土墙；从形态上，可分为直墙式和坡面式挡土墙。其面层材料一般有毛石和条石砌筑、混凝土预制块和嵌草皮等处理手法。

（七）坡道

（1）坡道是交通和绿化系统中重要的设计元素之一。居住区道路的最大纵坡不应大于8%；园路不应大于4%；自行车专用道路最大纵坡应控制在5%以内；轮椅坡道一般为6%，最大不可超过8.5%；人行道纵坡不宜大于2.5%（图5–10）。

图5–10　健身活动场地的坡道设置

（2）园路和人行道坡道的宽度一般为1.2m，但考虑到轮椅通行时，可设定为1.5m以上，有轮椅交错的地方其宽度应达到1.8m。

（八）台阶

（1）台阶具有连接不同高程和引导视线的作用，它既可丰富空间层次感，又可在高差较大时形成不同的近景和远景效果。

（2）室外踏步高为 0.12 ~ 0.16m，宽为 0.30 ~ 0.35m，低于 0.10m 的高差应做成坡道。

（3）台阶长度超过 3m 或有转向时，应在中间设置休息平台，平台宽度应大于 1.2m。台阶坡度应控制在 1/4 ~ 1/7 范围内，踏面应做防滑处理，并保持 1%的排水坡度。

（4）为便于晚间行走，台阶附近应设照明装置，人员集中的场所应在台阶踏步上暗装地灯。

（九）种植容器

1. 花盆

花盆具有可移动性和组合性，能点缀环境并烘托气氛。其中，花草类盆深应在 0.2m 以上，灌木类盆深为 0.4m 以上，树木类盆深为 0.45m 以上。

2. 树池及树池箅

树池的大小由树种来决定。树池深度至少深于树根球以下 0.25m。树池箅是对树木根部的保护装置，它既可保护树木根部免受践踏，又便于雨水渗透和步行安全。树池箅应选择能渗水的石材、卵石、砾石等天然材料，也可选择具有图案的人工预制材料（图 5–11）。

图 5–11　树池对树木的保护

（十）入口造型

（1）居住区入口的空间形态应具有一定的开敞性，入口造型应与居住区的整体环境及建筑风格相协调。应根据居住区规模和周围环境特点确定入口的空间体量与尺度。

（2）住宅单元入口是体现院落特色的重点部位，入口的造型应突出装饰性和可识别性，要考虑入口造型与安防、照明和无障碍坡道之间的相互关系。

五、水景景观

水景景观若在北方地区设置，必须考虑结冰期的枯水景观效果。

（一）自然水景

自然水景必须服从原有自然生态要求，充分发挥自然景观条件，以营造出纵向、横向和鸟瞰景观的亲水居住形态。自然水景的设计元素主要包括以下几种。

1. 驳岸

驳岸是亲水景观的重点处理部位，其高度及水深应满足人的亲水性和安全要求。

2. 景观桥

桥的功能主要包括形成交通跨越点、横向分割水面空间、形成区域标志物和视线集合点、眺望水面、自身观赏价值等方面。居住区通常以木桥、仿木桥和石拱桥为主（图 5–12）。

图 5–12　居住区自然水景景观

3. 木栈道

邻水木栈道可为人们提供行走、休息、观景和交流等多种功能，多用于档次较高的居住环境中。

（二）庭院水景

庭院水景通常以人工化水景居多。当景观场地中有自然水体时要对其保留和利用，并使自然水景与人工水景融为一体。

1. 瀑布跌水

瀑布跌水分为滑落式、阶梯式、幕布式、丝带式等多种形式。居住区内的人工瀑布落差宜在1m以下，跌水的梯级宽高比宜在1:1 ~ 3:2之间，梯面宽度宜在0.3 ~ 1.0m（图5-13）。

图 5-13 居住区瀑布跌水景观

2. 溪流

（1）溪流分为可涉入式溪流和不可涉入式溪流两种。可涉入式溪流的水深应小于0.3m；不可涉入式溪流宜种养水生动植物，并减少人工造景的痕迹以增强观赏性和趣味性。当溪流深度超过0.4m，要采取防护措施。

3. 生态水池

生态水池是指适于水下动植物生长，又能美化环境、调节小气候和供人观赏的水景。水池深度一般在0.3 ~ 1.5m，在池底通常种植水草。

4. 涉水池

涉水池分为水面下涉水和水面上涉水两种。水面下涉水主要用于儿童嬉水，其深度不得超过0.3m；水面上涉水主要用于跨越水面，踏步平台和踏步石的面积不得小于0.4m × 0.4m。

（三）泳池水景

泳池水景以静为主，极具观赏价值，可突出人的参与性特征，既是锻炼身体和游乐的场地，也是邻里之间交往的场所。

1. 游泳池

居住区泳池宜分为儿童泳池和成人泳池，儿童泳池深度以0.6 ~ 0.9m为宜，成人泳池深度为1.2 ~ 2.0m。有条件的小区可设更衣室和供野餐的设备及区域。

2. 人工海滩浅水池

人工海滩浅水池主要供日光浴锻炼之用，在池底基层上多铺白色细砂，沿坡度由浅至深，水池深度为 0.2 ~ 0.6m，水池附近应设置冲砂池和更衣室。

（四）装饰水景

装饰水景是通过人工对水流的控制起到赏心悦目、烘托环境、满足亲水需要等作用，通常可构成景观环境的视觉中心。

1. 喷泉

喷泉是利用设备对水的射流控制而获得的，通过一定的组合手法，可呈现出多姿多彩的射流变化形态。

2. 倒影池

倒影池极具装饰性，是利用光影在水面形成的倒影来达到扩大视觉空间、丰富空间层次、增加景观美感的作用（图 5-14）。

图 5-14　利用倒影池丰富空间层次

六、庇护性景观

庇护性景观构筑物是住区中重要的交往空间和户外活动集散点，它既有开放性，又有遮蔽性，主要包括亭、廊、棚架、膜结构等，应邻近主要步行道和作为一个景观点来设置。

（一）亭

亭是供人休息、遮荫、避雨的建筑，其设计形式应与整体景观环境相协调，高度宜在 2.4 ~ 3.0m，宽度宜在 2.4 ~ 3.6m，立柱间距宜在 3.0m 左右。

（二）廊

廊以有顶盖的形式为主，可分为单层廊、双层廊和多层廊。廊具有引导人流和视线、连接景观节点及休息功能。廊与景墙、花墙相结合可丰富文化内涵。廊的高度宜在 2.2 ~ 2.5m，宽度宜在 1.8 ~ 2.5m。柱廊一般无顶盖或在柱头上加设装饰构架，纵向间距以 4 ~ 6m 为宜，横向间距以 6 ~ 8m 为宜。柱廊多用于广场、居住区主入口等处。

（三）棚架

棚架有分隔空间、连接景点、引导视线的作用。有遮雨功能的棚架可局部采用玻璃或透光塑料覆盖。适用于棚架的植物多为藤本植物。棚架的形式有门式、悬臂式及组合式。棚架高宜 2.2 ~ 2.5m，宽宜 2.5 ~ 4.0m，长度宜 5 ~ 10m，立柱间距为 2.4 ~ 2.7m。在棚架下应设置休息椅凳（图 5-15）。

图 5-15　居住区组团空间中的棚架

（四）膜结构

张拉膜结构可作为标志建筑或建筑小品使用，多用于居住区入口和广场。在设置时，必须重视膜结构的前景和背景之间的衬托效果，前景通常应开阔并加设倒影水池。

七、模拟化景观

模拟化景观以替代材料模仿真实材料，以人工造景模仿自然景观，是对自然景观的提炼和补充，若运用得当可超越自然景观的局限，达到特有的景观艺术效果。

八、高视点景观

随着住宅建筑楼层数的不断增加，一些居住者会从高视点位置来观看景观。因此，还要充分考虑俯视角度的景观序列和视觉效果。

九、照明景观

居住区室外照明景观的设计目的主要包括增强对物体的辨别性、提高夜间出行的安全度、保证居民晚间活动的正常开展和营造环境氛围等方面。照明景观一般包括车行照明、人行照明、场地照明、装饰照明、安全照明、特写照明等类型。

第三节　居住区景观环境规划原则

一、居住区景观环境设计基本原则

居住区景观环境设计应遵循社会性、经济性、生态性、地域性、历史性原则，现简要介绍如下。

（一）社会性原则

应赋予居住区景观环境亲切宜人的艺术感召力，通过美化生活环境，体现社区文化，促进人际交往和精神文明建设，并提倡采取公共参与设计、建设和管理等多种组织方式。

（二）经济性原则

要顺应房地产市场的发展需求及地方经济状况，注重节能、节材与合理使用土地资源。提倡朴实简约，反对浮华铺张，并力求采用新技术、新材料、新设备达到优良的性价比。

（三）生态性原则

应保留现存的良好生态环境，改善原有的不良生态缺陷。提倡将先进的生态技术运用到居住区的景观环境设计中去，以利于生态环境的可持续发展。

（四）地域性原则

要充分体现居住区所在地域的自然环境和人文特征，创造出具有地域性特色的现代景观环境，避免盲目建设（图 5–16）。

图 5–16　居住区景观的地域性特征

（五）历史性原则

要尊重历史，保护和利用原有历史性景观。对于历史保护地区的居住区景观设计，更要注重整体风貌的协调统一，应做到保留在先，改造在后。

二、居住区景观环境规划原则

居住区景观规划要综合考虑周边环境、路网结构、公共建筑、住宅建筑形式、居住群体构成、绿地系统，以及地下停车场等的内在联系，以构成一个完善的、相对独立的有机整体，并应符合以下规划原则。

（1）符合城市总体规划和区域规划的要求；

（2）符合统一规划、合理布局、因地制宜、综合开发、配套建设的原则；

（3）综合考虑所在城市的区位性质、社会经济、气候条件、民族特色、风俗习惯、文化传统以及周边环境条件等设计要素，充分利用规划用地中有保留价值的水域、地形、植被、道路、建筑物与构筑物等，并将其纳入景观规划（图 5–17）；

图 5–17　充分利用原有地形和植被

（4）满足居民的活动规律，方便居民生活，有利于安全防卫和物业管理；

（5）合理组织人流、车流和车辆停放，创造安全、安静、舒适及方便的居住环境；

（6）为老年人、残疾人的生活和社会活动提供条件；

（7）为居住区的工业化生产、机械化施工和景观环境多样化创造条件；

（8）为居住区环境的商品化经营、社会化管理及分期实施创造条件；

（9）充分考虑居住区景观建设在社会、经济和环境方面的综合效益。

第四节　居住小区景观环境设计实例

居住小区景观环境设计应以城市区域规划为导则，结合本地段的生态要求、人文特征、审美特点、时代风貌以及居住人群的需求和场地条件等，合理确定居住小区景观场地的整体空间形态；对居住小区的功能设置、主题形象等给予准确定位；并通过对景观现场调查的研究和论证，进行较为全面和细致的小区环境景观规划。在此，对居住小区景观环境设计的各方面决策均应以居住者为主体，从营造功能空间和形象空间的角度来思考这些设计问题。

为了能够将居住区景观环境的设计知识与设计实践相结合，并逐步培养学生独立分析与解决实际设计问题的基本能力，现可通过图 5–18 ～图 5–20 进行有关设计方面的深入认识和分析，同时还要给出自己的设计评价和看法。

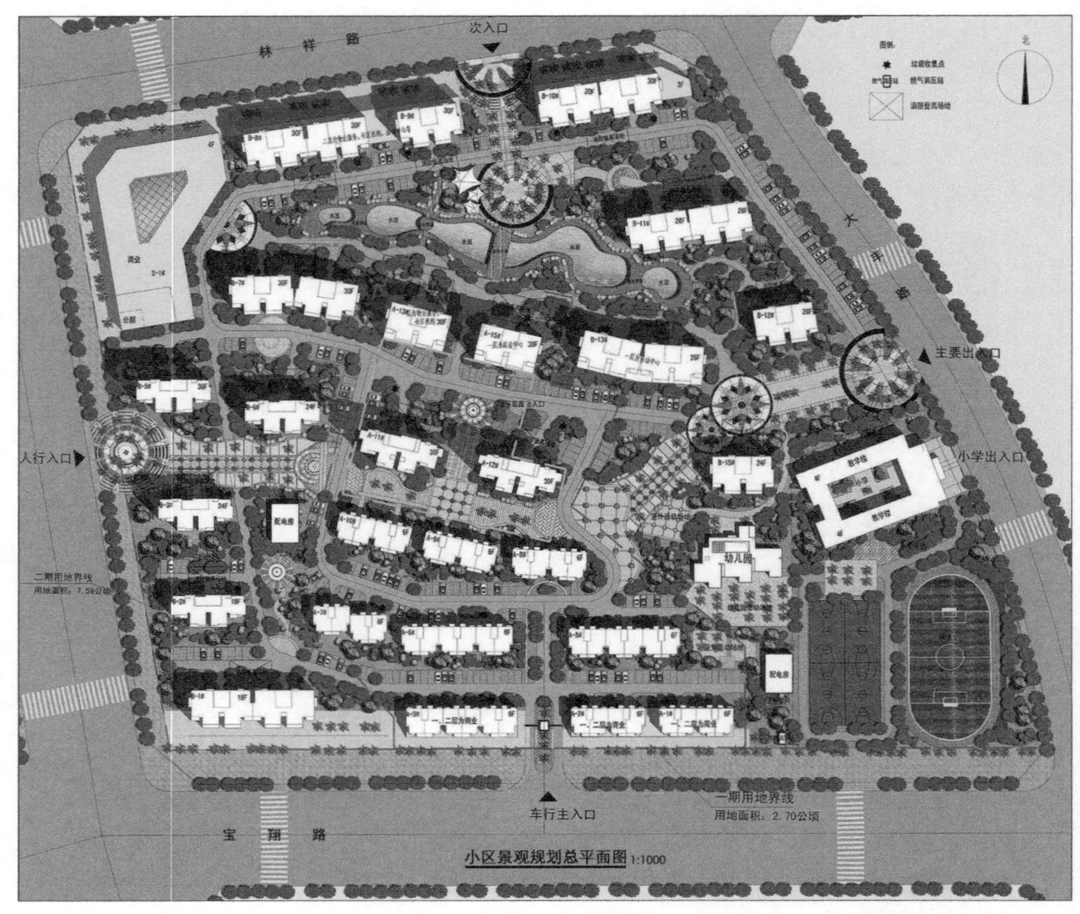

图 5–18 居住小区总平面图

图 5-19　小区宅旁庭院景观透视图

图 5-20　小区瀑布跌水景观透视图

思考题与习题

1. 居住区类型的划分方式有哪几种？具体的划分内容是什么？

2. 对建筑红线、建筑密度、建筑容积率、绿化率等名词概念进行解释。

3. 简要叙述居住区景观环境设计分类包括哪些内容。

4. 居住区景观环境的规划原则是什么？

5. 开展居住小区现场调查，并写出不少于2000字的《居住区景观环境设计调查报告》。要求分析的内容应理论联系实际，表达形式应图文并茂。

6. 选择一处自己较熟悉的居住小区，通过现场调查，绘制出该小区的总平面图、局部平面图及有关图纸，并进行一次尝试性的居住小区景观环境设计方案练习。

第六章
滨水景观环境设计

学习目标及基本要求：

了解滨水景观类型及有关规划要求；理解滨水景观环境设计的基本原则与设计思路；掌握滨水景观规划与设计的基本步骤和方法，能够将滨水景观的规划理论与设计实践相结合，能够进行滨水景观环境的概念性和建设性方案设计。

学习内容的重点与难点：

重点是滨水景观环境规划原则和滨水景观设计方法。难点是将滨水景观建设的生态理念与设计实践相结合。

第一节　滨水景观环境设计的常用概念与水系分类

一、滨水景观设计的常用概念

（一）城市水系

城市水系指城市规划区内各种水体所构成的脉络相通的系统的总称，但不包括仅用于企业生产及运行过程中的水体（图 6-1）。

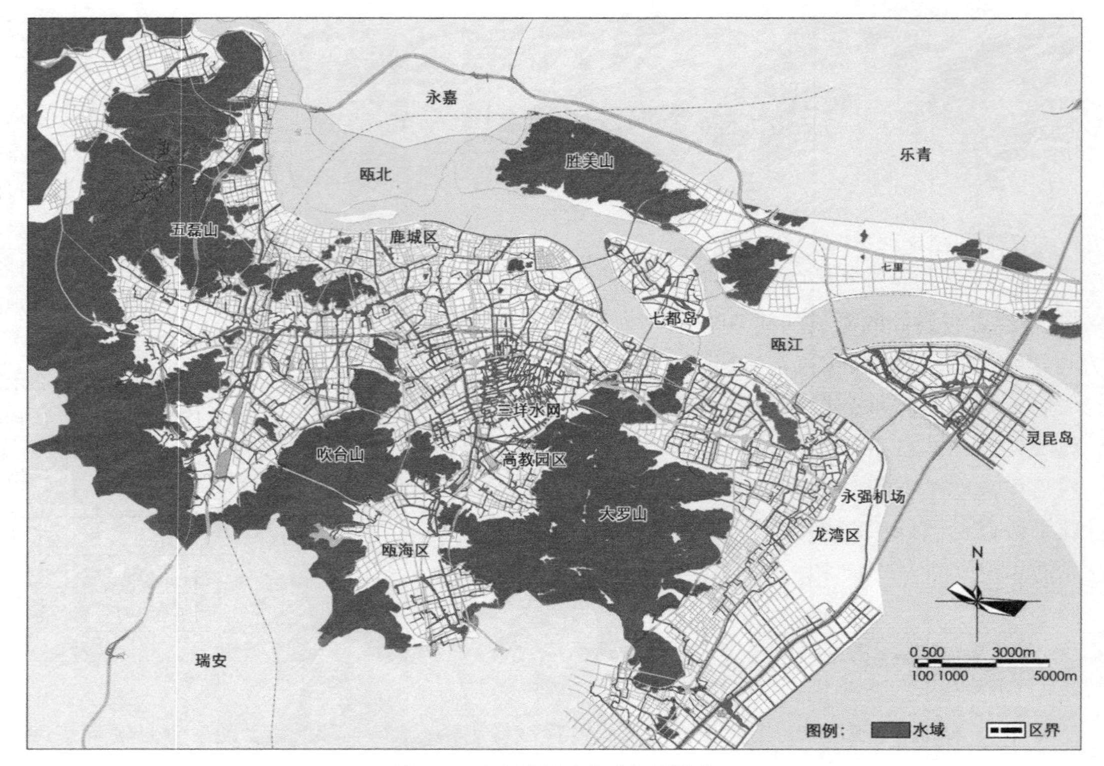

图 6–1 城市蓝线（水系）规划图

（二）城市河道等级

基于生态修复和环境改善技术，按城市河道的水面宽度，城市河道等级一般划分为一级（河道面宽大于 100m）、二级（河道面宽大于 10m 而小于 100m）和三级（河道面宽小于 10m）。

（三）城市水系规划

城市水系规划指以城市水系为主要规划对象，利用和保护城市水系资源，并对水系多种功能之间、水系与城市建设之间的相互关系进行协调和具体安排的建设计划。

（四）岸线

岸线指水体和陆地交接地带的总称。其中，有季节性涨落变化或者潮汐现象的水体岸线一般是指常年最高水位线与最低水位线之间的范围。

（五）滨水区

滨水区指与水体在空间上紧密相连，且有城市建设活动的陆域范围的总称。

（六）生态型护岸

生态型护岸指采用植物材料或人工材料，具有透水性和多孔性特征，能够提供植物生长和鱼类产卵条件的护岸（图 6–2）。

图 6–2　滨水景观生态型护岸

（七）滨水景观

滨水景观指充分利用滨水自然资源，把人工景观和自然地景融为一体，并建设成为具有较强观赏性和使用功能的城市公共绿地景观，以增强人与自然的可达性和亲密性，使自然、开放的岸线空间成为城市公共环境中的完美格局。

二、城市水系分类

（一）按形态特征划分

城市水系按形态特征可分为江、河、沟、渠、湖泊、水库、湿地及其他水域。其中，湿地主要指有明确区域命名的自然和人工的狭义湿地；城市其他水域主要指除河流、湖泊、水库、湿地之外的城市洼陷地域，如居住小区和大型绿地中的人工水域。

（二）按功能类别划分

城市水系按功能类别一般可分为防洪排涝类、饮用水源类、航道运输类、生态环境类、景观娱乐类，以及其他功能类和复合功能类，现分别简要介绍如下。

（1）防洪排涝类　应包含具有行洪排涝、调蓄洪水等功能的水域。

（2）饮用水源类　应包含具有向城市提供饮用水功能的水域。

（3）生态环境类　应包含具有源头保护、自然生态保护、珍惜物种保护、调水保护、生态修复、水质净化、排污控制等功能的水域。

（4）景观娱乐类　应包含具有提供自然观赏、水体观赏、休憩养生、商业休闲、历史品味、地产开发、旅游开发等功能的水域（图 6–3）。

图 6–3　滨水景观公园

（5）航道运输类　应包含具有航道运输、航运码头等功能的水域。

（6）其他功能类　应包含具有提供工业用水、农业用水、渔业用水等其他功能的水域。

（7）复合功能类　应包含具有多种功能特征和要求的水域，如城市水系中同时兼顾工业、景观、旅游等多种功能的河流。

第二节　滨水区景观环境规划与建设要求

一、关于滨水区景观环境规划

（一）滨水区景观环境规划原则

滨水区景观环境规划应符合以下原则。

（1）应遵循城市总体规划原则并与之相协调。

（2）环境保护和生态修复优先。

（3）空间格局与景观节点耦合。

（4）以人为本，人水相亲。

（二）滨水区景观环境规划的基本内容

1. 滨水区景观环境的空间布局

滨水空间的线性特征和边界特征可形成时空多维交叉状态下的连续展现。应根据城市水系规划布局和水景观功能的区域规划，拟定景观水面和陆域的空间布局，确定与城市总体规划相适应的滨水景观环境宏观方案（图 6–4）。

图 6–4　滨水文化园景观

滨水景观环境的空间布局应符合以下要求。

（1）应依据城市景观用水水质的标准规范并参照城市河湖景观规划进行布局。

（2）应根据城市区域的功能需要进行滨水景观环境布局。

（3）应满足景观娱乐对水质、水位等方面的要求。

2. 滨水区景观环境规划设计

应根据滨水景观环境的空间布局进行规划设计，拟定滨水沿岸的水景观斑块、廊道和节点建设方案，确定出水景观斑块、廊道和节点的具体形态和范围。

3. 涉水资源开发利用规划

应根据滨水景观环境的空间布局与规划，拟定涉水闲暇资源的开发方案，对城市总体规划进行分支化和具体化。

4. 涉水游憩活动场所规划设计

应按照滨水景观空间的布局与规划设计游憩场所，制定活动计划，将滨水景观作为一种思想、理念、渗透到城市景观设计之中。

二、滨水区景观环境规划的基本步骤

（一）收集与滨水区景观环境规划相关的资料

应收集景观环境规划区域的界限、现状植被、动物区系的生境、水文和水利条件、土壤和地下水情况、区域地质状况、气候条件、景观结构等现场资料，同时还应查阅城市总体规划、经济社会发展规划、防洪排涝规划、景观及园林规划、旅游规划、水环境综合治理规划等指导性文件。

（二）滨水区的空间格局分析

应分析滨水空间的现状格局，并与城市生态环境要求相比较，评价各项指标的完善状况，绘制图表，计算面积百分比，得出建设景观多样性的指标，参见表 6–1 的生态分析内容。

表 6–1 滨水景观生态环境分析

分析途径	空间环境基本内容	原则与目标	基本措施
水系统与水文过程分析	降水分布	保护	生态防洪防枯调节
	地形高程		
	径流系数		
	历史洪涝灾害		
地质地貌与地质灾害过程分析	地质灾害分布		水环境污染防治
	坡度		
	土地覆被		
生物栖息地与生物过程分析	指示物种	修复	滨水区保护与修复
	栖息地适宜性		
	土地覆被		生物多样性促进
文化遗产与遗产体验过程分析	文化遗产分布	建设	景观游憩永续利用
	潜在遗产廊道		
	土地覆被		
休闲景观要素与游憩过程分析	游憩资源分布		建设发展有效控制
	游憩适宜性		
	土地覆被		

（三）对滨水区水环境影响的敏感性调查

应调查对城市水环境影响敏感并且值得保护的滨水自然景观，以便在滨水景观环境规划中予以优先考虑。

（四）提出滨水区景观环境规划方案

应按城市总体规划目标和城市水系建设的具体要求，提出滨水区景观环境规划方案（图 6–5）。

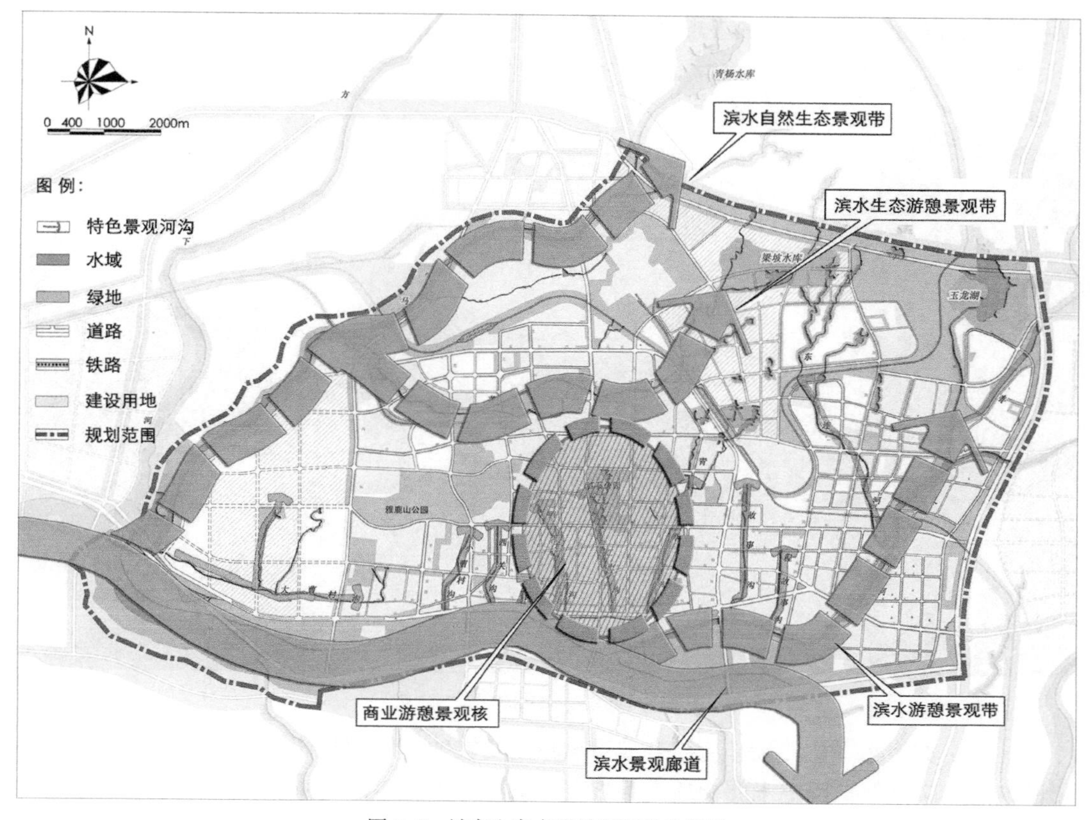

图 6-5 城市生态水系景观环境规划图

三、滨水景观环境的设计目标

（1）通过滨水景观构成要素的合理组织达到空间的通透性，使堤岸景观成为与水域相联系的良好视觉走廊。

（2）利用滨水空间的水域视野，形成展示城市群体景观的最佳地段。

（3）为人们提供亲水与休闲活动的城市公共空间。

（4）修复及创建城市水系环境的生态走廊。

四、滨水景观环境建设基本要求

（1）滨水景观建设应以人为本，以城市水景观功能划分为基础，以科学开发利用资源、优化生活结构、提高城市环境质量为目标，以有效服务市民和美化城市为宗旨。

（2）城市滨水景观应以河流的自然景象为主，按照自然化原则，发掘河流自身的美学价值，其中包括恢复水系的自然格局、恢复河流的自然形态、提高生物群落的多样性和利用乡土物种等多方面的观赏价值。同时，还应注意减少引进名贵植物物种，减少在沿河修建楼台亭阁及其他建筑物，应避免将城市河流渠道化和园林化的不利倾向。

五、城市水文化建设基本要求

（1）城市水文化建设，应充分挖掘人们在水的治理、开发、利用、配置、节约、管理、保护等方面以及认识、观赏和表现水的各种文化内涵（图 6–6）。

图 6–6　城市水文化的建设与保护

（2）城市水文化建设，应结合城市水景观功能的区域划分体系，确定城市水文化的建设范围。应以保护历史水文化遗产为重点，辅助考虑具有时代特点、自身特色和适应城市人居需求的新型水文化建设。

第三节　滨水区景观环境的功能与构成要素

一、滨水区景观环境的功能设置类型

滨水景观的功能一般包括景观观赏、游憩、珍稀水生生物栖息地、生态调节与保护，以及排水调蓄和行洪蓄洪等方面。

滨水景观环境的功能设置，一般包括生活休憩型景观功能区、商务休闲型景观功能区、旅游观赏型景观功能区、绿色保护型景观功能区、历史遗址的历史文化型景观功能区，以及城市郊区的自然原生型景观功能区等多种划分类型。

二、滨水区景观环境的功能定位原则

滨水区景观环境的功能定位原则包括以下几点。

（1）以人为本原则；

（2）尊重自然原则；

（3）与总体规划相协调原则；

（4）与水功能区划相协调原则；

（5）实用可行原则；

（6）与城市功能分区相适应原则。

三、对不同地段滨水区景观环境的功能设置要点

对于城市中不同区域、地段在滨水景观环境的功能设置上，应符合以下要求。

（一）位于城市中心区和居住区的滨水景观地段

对位于城市中心区和居住区的滨水景观地段，可将其设置为生活休憩型景观功能区，以休闲廊道、景观小品、体育设施等为主，营造适合居民生活休憩的滨水景观，如滨水公园、广场等（图 6–7）。

图 6–7　毗邻居住区的滨水公园景观

生活休憩型景观功能区的布局应充分体现滨水景观的公共性、亲水性、景观性和可游赏性，并应符合以下规定。

（1）生活休憩型景观功能区的布局，应与周围的城市空间保持整体上的关联，确保空间延续性和交通可达性，应设有合理的滨水道路使人群易于接近水体。同时还应按 500m 左右的间距控制垂直通往滨水区的交通道路和视线通廊。

（2）对水位变化较大的水体，应在充分研究水文和地质资料的基础上，结合防洪、防潮等工程要求进行设计。必要时应进行岸线的竖向设计，确定滨水区阶地控制标高，形成梯级亲水平台。

（3）滨水区道路布局应布置连续的步行系统和集中活动场地，以突出滨水空间的特色和塑造城市形象。

（二）位于商业区和中心商务区的滨水景观地段

对位于商业区和中心商务区且商业设施比较集中的滨水地段，可将其设置为商务休闲型景观功能区，并结合购物、文娱、服务等配套设施，营造适合商务休闲的滨水景观（图 6–8）。

图 6–8　商业街区的滨水步行道景观

（三）位于城市历史遗址和文化保护区域的滨水景观地段

对于具有城市历史遗址和文化保护价值的滨水景观地段，可将其设置为历史文化型景观功能区，应充分挖掘历史文化的内涵，营造展现城市历史与文化的滨水景观。

（四）位于自然景物与人文景物较集中的滨水景观区域

位于自然景物、人文景物比较集中的滨水景观区域是为人们提供观赏、游览自然风景或风景名胜的岸线，应根据风景区的级别使生态型岸线比例不小于 30% ~ 50%、生产性岸线不大于 5% ~ 10%。可将其设置为旅游观赏型景观功能区，并以自然景物或人文景物为主体，营造环境优美，可供人们游览、休息的滨水景观。

（五）位于工业企业比较集中的滨水景观区域

对位于工业企业比较集中的滨水景观区域，可将其设置为绿色防护型景观功能区，并以水系沿岸的绿化为主，创建工业企业周围的绿色防护型景观带。

（六）位于城市郊区的滨水景观地段

对位于城市郊区且开发程度较低的滨水景观地段，可将其设置为自然原生型景观功能区，以原生景观为主，布置各种适合城市居民前来休闲、野营、垂钓的场所，使居民体味到回归自然的舒适感。

四、滨水景观环境的基本构成要素

滨水景观环境的基本构成要素见表 6–2。

表 6–2 滨水景观环境构成要素

基本种类	构成要素	相关内容
水体	河道	平面形状、横纵断面形状、河滩等
	河道内地块	沙洲、河床材料
	水面	水流、水质、水面倒影等
	河流建筑物	堤坝、护岸、闸门等
滨水区	沿岸设置物	长椅、花坛、广告牌、雕塑小品等
	植被	树木、防洪林、草地等
	道路	人行道、自行车道、机动车道等
	道路附属物	标识、道路植栽、电线杆、路灯杆等
	沿岸建筑物	公共建筑、居住建筑、水利设施等
	空地	滨水公园、广场、耕地等
	照明	路灯、草坪灯等
横跨设施	桥梁	道路桥、铁路桥、高架桥
	其他	线缆、水道桥等
远景	自然要素	山岳、丘陵、森林等
	人工要素	城市建筑景观、老城墙、塔楼等
人类活动		人、机动车、自行车、游船等
自然生态		鸟、鱼、水生物等
变动因素		季节变化、气候特点、活动时间与规律等

第四节 滨水景观设计原则与设计要点

一、滨水景观设计原则

滨水景观空间以人的活动为中心，以水体景观为游览主线，包括其周围与水体密切相关的自然要素和社会要素的总和。其独特的地景特征和生态环境对城市整体布局以及人居环境的营造均具有重要意义。滨水景观设计应遵循六项原则，现分别简要介绍如下。

（一）防洪原则

滨水景观设计除了应满足休闲、娱乐等功能外，还必须具备相应的防洪功能。在防洪坡段，可利用石材砌筑的形式变化或机理变化等装饰手法，来营造自然且优雅的视觉享受。同时，还可配置水生植物或亲水性的乔木来美化堤岸环境。

（二）生态原则

滨水景观设计应注重生态环境的创建理念，既要调配地域内的有限资源，又要保护该地域内的自然生态。应采用当地的乡土材料和独有的表现形式，营造人与自然和谐相处的美丽景象（图 6–9）。

图 6–9　滨水区的跌水瀑布景观

（三）美观与实用原则

滨水景观是供市民和外来游客共同休闲以及欣赏和感受自然的公共场所，应将审美功能和实用功能创造性地融合在一起，以体现对城市历史和文化之美的揭示与再现（图 6–10）。

图 6–10　滨水景观设计与城市文化相结合

（四）植物多样性原则

滨水景观岸线应形成一条连续的公共绿化带，应强调与体现景观空间的生态性、公共性，功能设置的多样性，水体的可接近性以及滨水景观的自然化等设计思路，创造出让市民和游客渴望滞留的休憩场所。

（五）空间层次丰富原则

在滨水景观设计中，对于空间形态与层次的塑造，远比平面布局上的图案更为重要。滨水岸线的地形和高程变化可增强空间环境的自然表现力，应合理营造空间的过渡、转换层次和空间变化的节奏与韵律感，实现滨水空间的多角度和多层次的美感展现（图 6–11）。

图 6–11　滨水景观的地形与地势处理

（六）城市景观的统一原则

滨水景观是整个城市环境中的一个重要组成部分，滨水开放空间应与城市内部开放空间组成完整的网络系统。应使滨水绿带能够向城市扩散、渗透，并与城市中其他绿地景观共同组建成为一个完整的统一体，营造出景色怡人的生态城市新景象。

二、滨水区现场资料的获得

（一）滨水现场资料

滨水区现场资料主要包括滨水区的用地与批租情况、建设状况、人口总量与分布、沿岸天际轮廓线等（图 6–12）。其中，测绘数据可利用航拍或卫星图像等资料进行获取。

图 6–12　滨水沿岸景观的天际轮廓线分析资料

（二）水体资料

水体资料主要包括城市水系的水体形态、面积、水文特征、水质、底泥、地下水、权属、重要水生动植物、排水设施、防洪设施以及水体的利用现状等内容。

（三）岸线资料

岸线资料主要包括岸线形态、地势与岸线演变、使用现状、岸线水文特征、水深条件、陆生植物种类和分布及特殊岸线的概况等方面。

（四）滨水区的水位确定

滨水区水体的利用必须确定常年的水位变化情况，水位确定可分为受控水体和不受控水体两种理论参数。

1. 受控水体的水位确定

以调蓄功能为主的水体，其调蓄的水深一般不应低于 0.5 ~ 1.0m，最高控制水位不得高于其汇水范围内城市建设地面高程下 1.5m；以景观功能为主的水体，其水位变化不宜大于 0.5m；有航运功能的水体，水位不应低于其设计航道等级的要求；养殖水体，常水位的水深一般应大于 1.5m。

2. 不受控水体的水位确定

对于不受城市人为控制的水体水位，应根据水文资料确定历史最高水位和历史最低水位以及多年平均水位。对于有防洪要求的水体，必须明确设防水位、警戒水位和确保水位等数据。

三、滨水景观生态型护岸的种类与设计原则

（一）滨水生态型护岸的种类

滨水生态型护岸可根据护岸材料、断面形式、主要功能、不同部位等进行分类。

1. 按护岸材料分类

可分为植物护岸、木材护岸、石材护岸和新型材料护岸等。

2. 按河道断面形式分类

可分为梯形护岸、矩形护岸、复合型护岸和双层护岸等。

3. 按护岸主要功能分类

可分为亲水护岸、景观护岸、动物栖息护岸等。

4. 按护岸的部位分类

可分为生态护坡和生态护脚等。

（二）生态型护岸设计原则

在有条件的地方，宜选择适当的护岸结构和护岸材料建设生态型护岸。生态型护岸应强调安全性、稳定性、生态性、景观性和亲水性之间的相互结合，现简要介绍如下。

1. 安全性原则

生态型护岸应根据不同水域的水文动力学特征进行设计。

2. 稳定性原则

生态型护岸应首先满足岸坡的安全性和稳定性，其次是生态性，再次是景观性和亲水性。

3. 生态性原则

生态型护岸应符合生态学理念，重视河流、湖泊与陆域生态系统的有机联系，注意保持与增加生物的多样性和食物链网的复杂性，积极为水生物、两栖动物创造栖息及繁衍环境，并因地制宜，充分利用当地素材，以达到与自然环境的和谐统一（图 6–13）。

图 6–13　滨水景观护岸的生态理念

4. 景观性原则

生态型护岸设计应以自然、生活、空间、历史和文化为线索，并与当地景观文化相呼应。

5. 亲水性原则

生态型护岸设计应将人们亲水的愿望纳入设计之中，促进人与水和生物之间的和谐关系，营造出人与自然相融共生的美丽景象。

（三）生态护岸的结构形式

生态护岸的结构形式应根据具体要求和建设目标进行选择，其选择方式包括以下几种。

1. 根据边坡形式选择

对于直立边坡，可选择矩形护岸、双层护岸；对于倾斜边坡，可选择梯形护岸。

2. 根据河道尺寸选择

对于大尺度城市河道，宜选用安全性和稳定性高的护岸形式；对于中尺度城市河道，宜采用具有一定材料强度的生态型护岸形式，其中河道通过城市中心的可采用直立式生态护岸形式，城市区域内的中尺度河道不宜采用自然土坡；对于小尺度的城市河道，宜采用天然材料护岸形式。

3. 根据河湖功能选择

应按景观娱乐类和经济开发类的特点，突出护岸的观景和娱乐功能以及经济开发的特定需求。对于有历史文化价值的水域，应根据其保护目标采取适宜的护岸措施，不宜盲目构建生态型护岸。

4. 根据景观要求选择

在具有景观要求的场所，应从人的视觉角度出发，将人的审美观、视觉享受与护岸设计融为一体，突出景观的连续性和地域性，使护岸景观与城市整体景观特色相结合。具有景观要求的护岸多使用景观材料，如木、石和植物等，也可使用人工材料作为辅助材料，进一步体现生态护岸的景观性（图 6–14）。

图 6–14　滨水区生态护岸的景观效果体现

5. 根据水动力条件选择

对于山区型河流，由于水体流经山区，坡面陡峭、径流系数大、汇流时间短、流量变幅大、水位变化也大，设计时应选择稳定性好、适用于坡度较大坡面的材料，如生态混凝土等来构建生态护岸；而对于平原型河流，由于水体流经平原地区，坡度平缓、径流系数小、汇流时间长、河道流量变幅不大，宜采用天然材料，如植物、木材等来构建生态护岸。

6. 根据空间位置选择

对于用地紧张、空间位置比较狭小的场所，可选择结构比较紧凑的矩形护岸、双层护岸等；对于空间位置较为宽敞的场所，可选择梯形护岸；若河滩比较开阔，则可选择复合型护岸。

7. 根据经济条件选择

应根据各地实际经济情况，结合生态护岸建设目标，选择经济上适宜的护岸形式。

四、滨水区水运及路桥的设计要求

水运及路桥工程包括滨水道路、跨水桥梁、码头、锚地、航道和作业区等。

（一）滨水道路的布局

1. 空间要求

滨水道路的布局应有利于滨水空间的合理利用，保证滨水活动空间的共享性和可达性，不宜为追求道路等级而破坏滨水空间的原有格局。

2. 位置确定

滨水道路的设置应利于人们观景、赏景、休闲娱乐、亲水等活动需要，并作为展现滨水空间近景、远景及城市岸线景观的最佳通道（图 6–15）。

图 6–15　滨水道路布置应与视线的引导区域相关联

（二）跨水桥梁的位置选择

桥梁建设必须符合防洪标准和航道等级要求，不得缩窄行洪通道和降低通航等级。对于桥梁位置的选择应符合以下规定。

（1）桥梁的位置应根据城市规划的交通流向和流量需要，水文、航运、地形、地质条件，以及对邻近构筑物和公用设施的影响程度等来设置。

（2）桥梁位置应离开滩险、弯道、汇流口、锚地，以及河床纵坡由陡变缓和断面突然变化之处等。

（3）桥位宜选在河槽较窄、地质良好和地基承载力较大的河段，并应避开泥石流区。

（4）水中设墩的相邻两座桥的轴线间距应满足航运管理要求。

（三）码头和锚地的位置选择

码头和锚地应按照深水深用、浅水浅用的原则选址，不得位于水源保护区和对桥梁有影响的范围内，并应与城市集中排水口保持安全距离。

第五节 滨水景观环境设计实例

滨水景观环境应根据城市水系规划、滨水功能区域划分、岸线地形地貌特点、植被分布情况、人口结构与分布特点、沿岸建筑空间环境、滨水区主要公共设施、周边交通可达性、周围居住区和商业店铺分布情况，以及办公设施分布地点等进行规划与设计。

在滨水景观环境规划中，应从宏观的角度来展开思路。为了使读者对本章学习内容有一个更深的认识，可通过图 6-16 ~ 图 6-22 进行有关滨水景观环境设计的思考和评价。

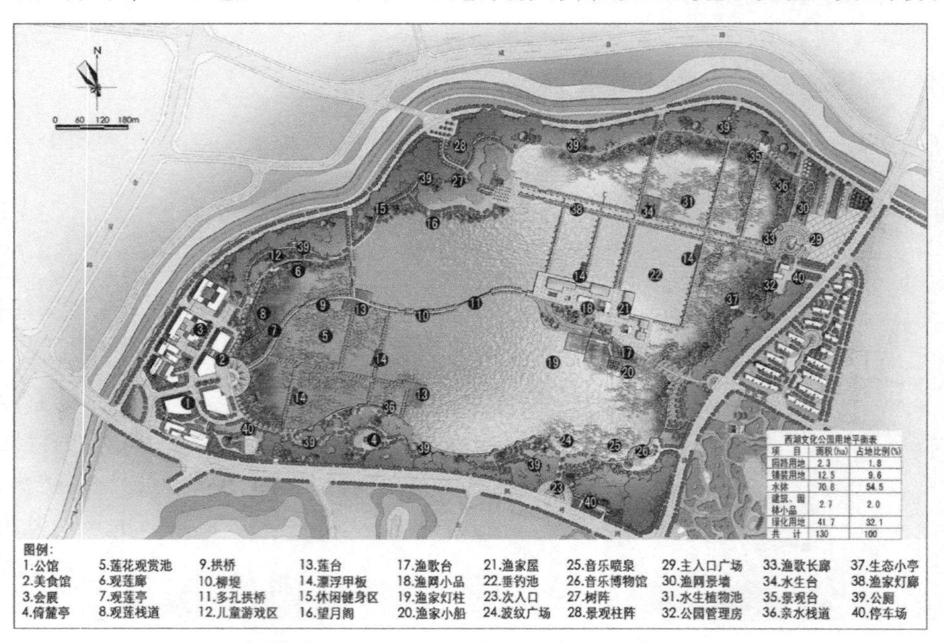

西湖文化公园用地平衡表

项　目	面积（ha）	占地比例（%）
园路用地	2.3	1.8
铺装用地	12.5	9.6
水体	70.8	54.5
建筑、园林小品	2.7	2.0
绿化用地	41.7	32.1
共　计	130	100

图 6-16　岳麓西湖文化公园总体规划平面图

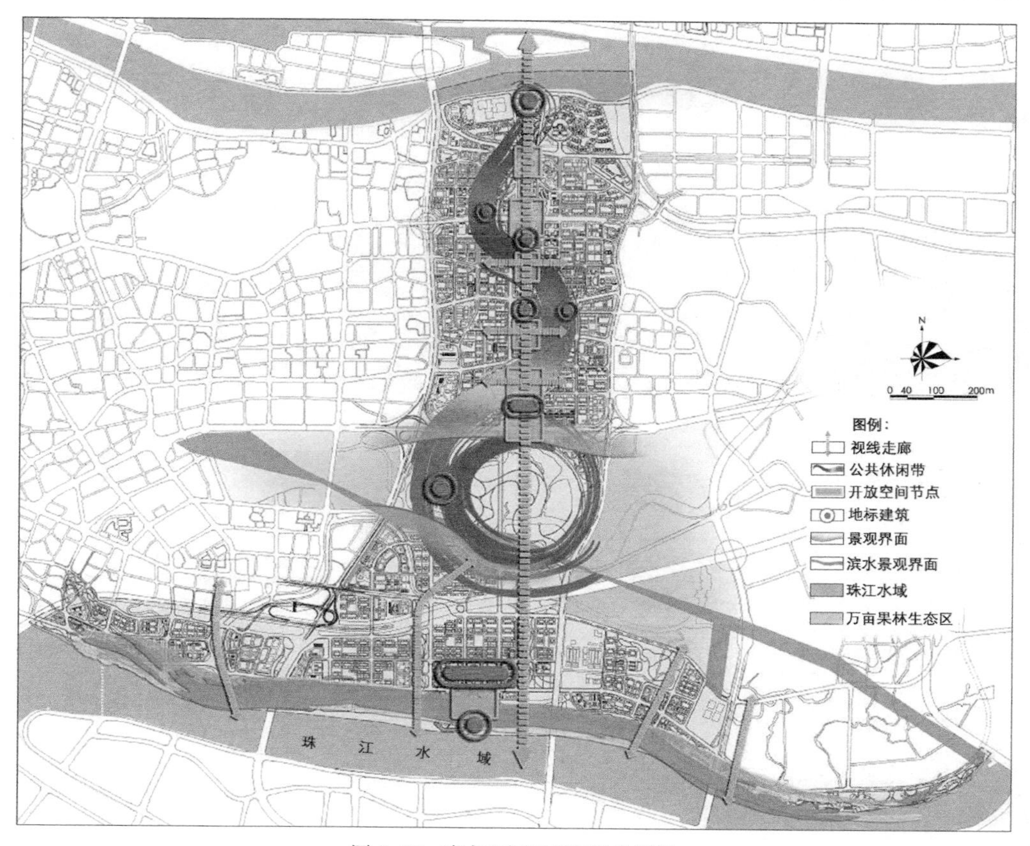

图 6-17　滨水空间景观视线分析图

图 6-18　城市公园滨水景观视线分析图

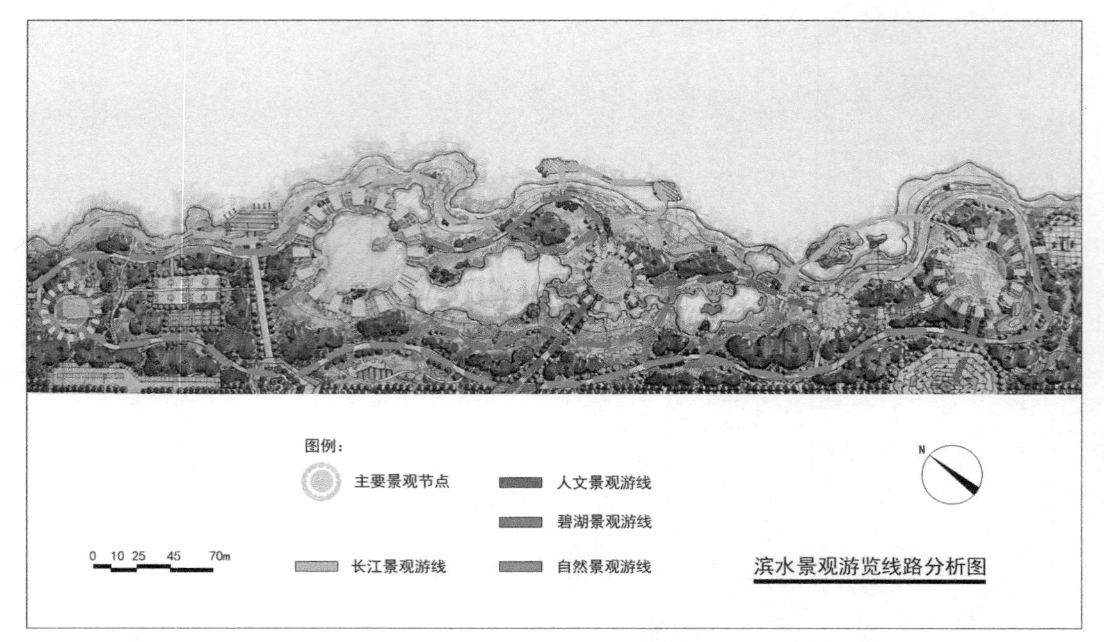

图 6–19　滨水景观游览线路分析图

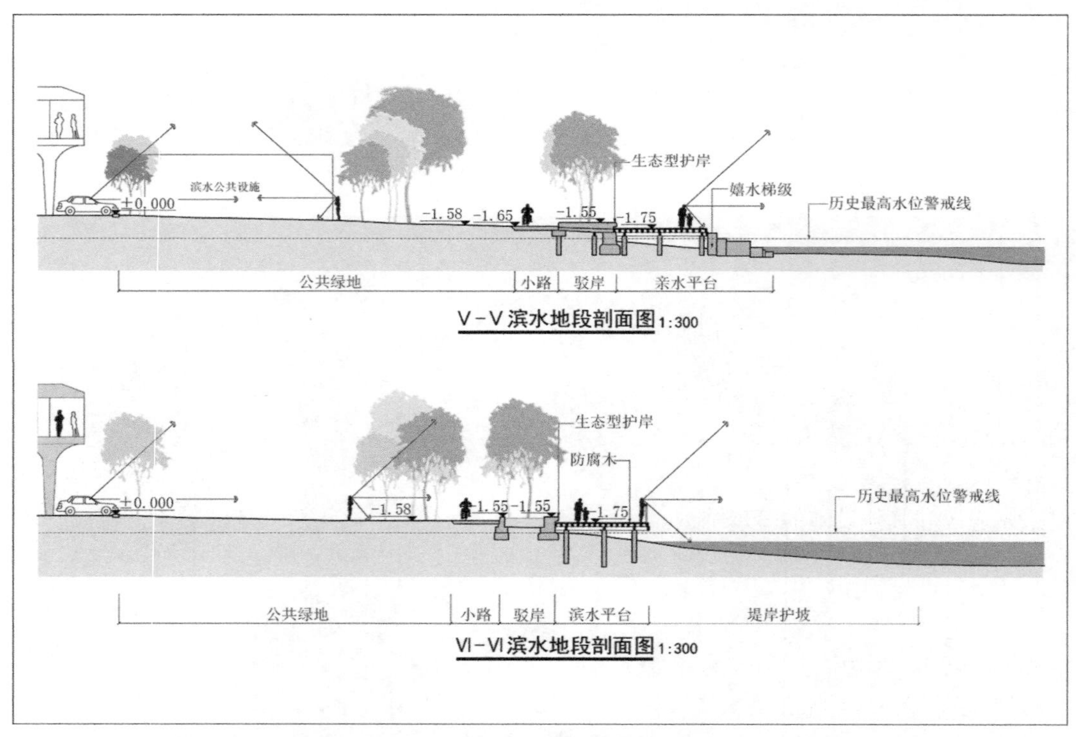

图 6–20　滨水景观规划设计剖面图

图 6–21 滨水景观亲水驳岸透视图

图 6–22 滨水景观鸟瞰图

思考题与习题

1. 滨水景观环境的设计目标是什么？应如何来理解？
2. 简要回答滨水区景观环境规划原则，并结合实际例子来进行分析和理解。
3. 滨水区景观环境规划的基本内容都有哪些？
4. 滨水区景观环境规划的基本步骤是什么？
5. 滨水景观环境建设的基本要求是什么？
6. 如何理解城市水文化建设？

7. 滨水区景观环境的功能定位原则包括哪些方面？

8. 简要叙述滨水景观设计原则，并联系实际谈一谈你对滨水景观的认识。

9. 对城市滨水公园和景观娱乐类水景岸线进行现场调查，从景观环境规划的角度上写出滨水景观调查报告。要求逻辑层次分明，分析内容详略得当，以个人的认识和体会为主。

第七章
城市街道景观环境设计

学习目标及基本要求：

了解城市街道类型及相关规划与设计的要求；理解街道景观环境设计的基本原则与基本设计思路；掌握街道景观规划与设计的基本步骤和方法，能够将街道景观规划理论与设计实践相结合，能够进行步行街景观环境的概念性和建设性方案设计。

学习内容的重点与难点：

重点是街道景观环境规划原则和街道景观设计方法。难点是街道景观环境的空间规划应具有可操作性和能够可持续发展。

第一节　城市道路的类别及路面种类

一、城市道路的类别划分

城市道路的功能具有极强的综合性，为发挥城市道路网的功效，保证生产、生活等活动的正常运行和交通运输的经济合理性，应对城市的交通道路进行科学的划分，如某城市道路交通系统规划（图 7–1）。

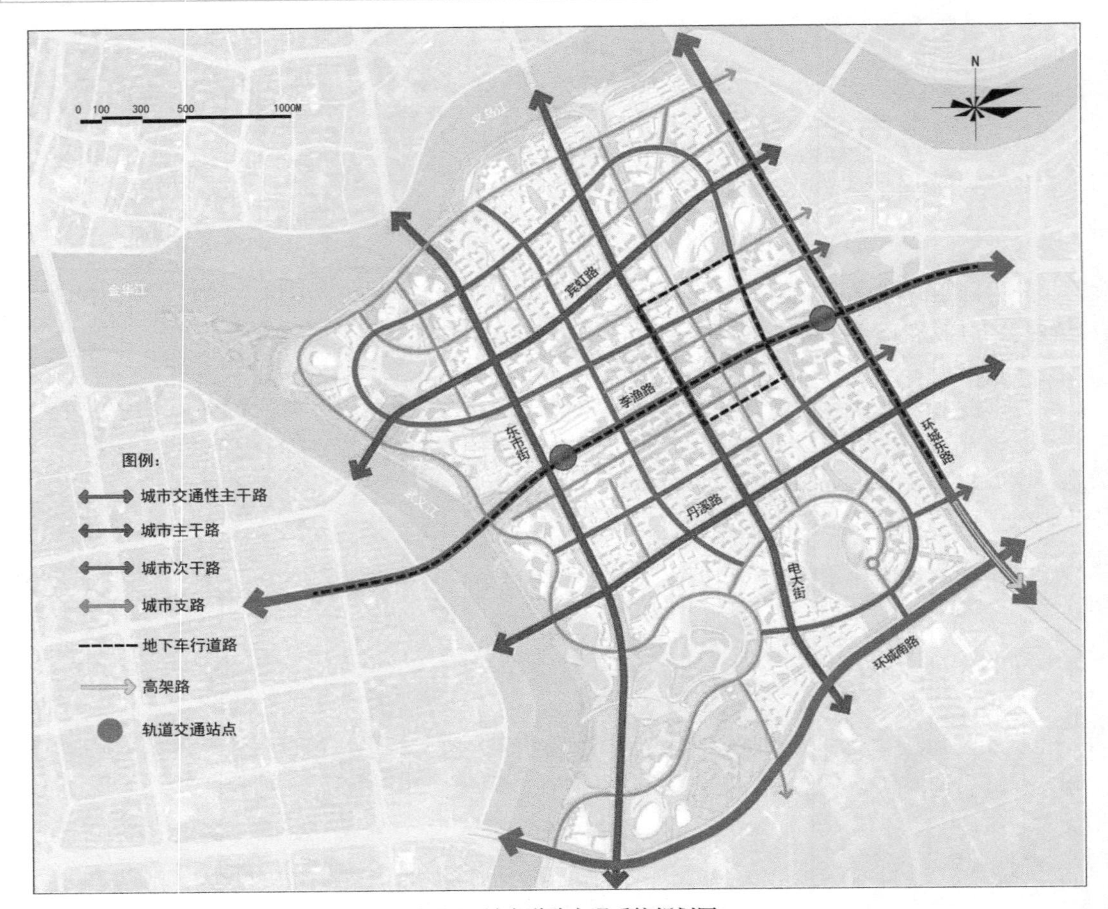

图 7-1 城市道路交通系统规划图

城市道路的类别划分主要有四种方式，现简要介绍如下。

（一）按城市道路所处的规划地位划分

道路根据其在城市道路交通规划系统中的所处地位，可分为快速路、主干路、次干路及支路。

1. 快速路

快速路是解决城市大容量、长距离、快速交通的主要道路。

2. 主干路

主干路是城市道路网的主要骨架，是连接城市各主要分区的干路，以交通功能为主。

3. 次干路

次干路是城市中区域性的交通干道，负责各区域内的交通集散，并兼具服务功能。次干路配合主干路共同组成城市的道路网。

4. 支路

支路提供各区域或建筑单元至次干路的信道，包括集散道路（为区域内活动使用并连接次干路与巷道）及巷道（供道路两旁建筑物内人与车直接出入的道路），以服务功能为主。

（二）按城市道路所起的作用划分

道路根据其对交通运输所起的作用，可分为全市性道路、区域性道路、环路、放射路、过境道路等。

（三）按城市道路的主要运输性质划分

道路根据其承担的主要运输性质，可分为客运道路、货运道路及客货运道路等。

（四）按城市道路的所处环境划分

道路根据其所处环境，可分为中心区道路、工业区道路、仓库区道路、文教区道路、行政区道路、住宅区道路、风景游览区道路、文化娱乐性道路、科技卫生性道路、生活性道路、火车站道路、游览性道路、林荫路等，如某城市的功能结构规划与道路环境的关系（图 7–2）。

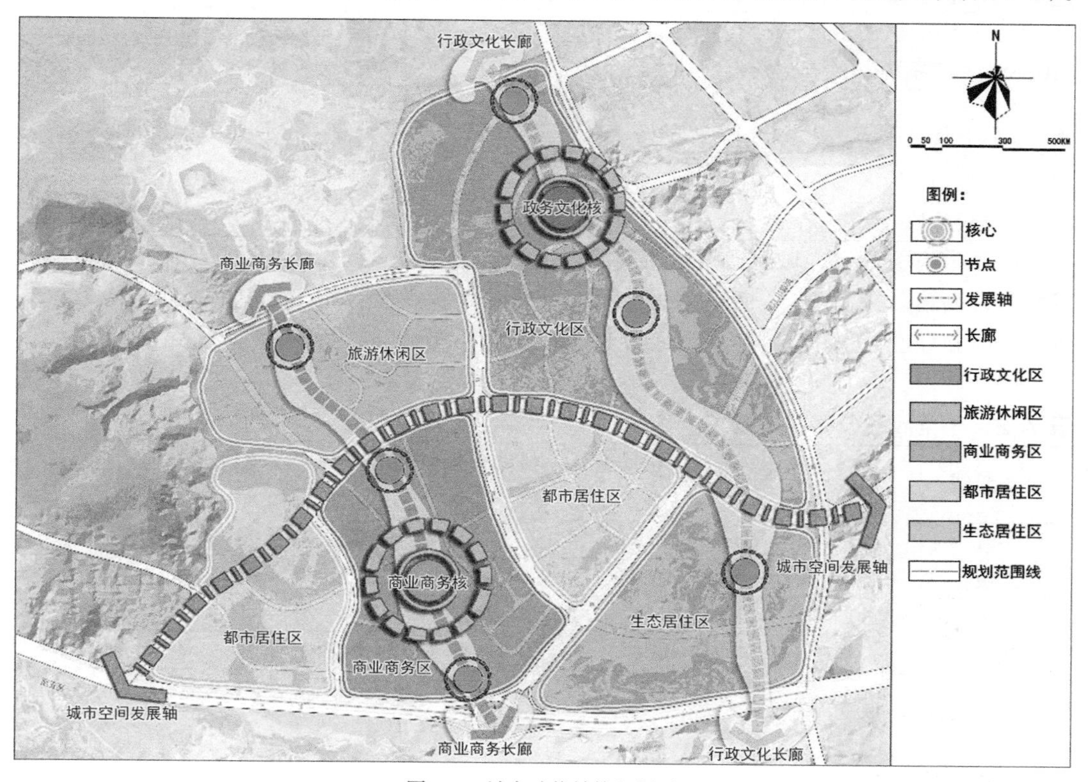

图 7–2　城市功能结构规划图

二、城市道路的等级划分

城市的道路等级可分为快速路、主干路、次干路、支路四级，其中各级道路的红线宽度控制为快速路应不小于 40m，主干路为 30 ~ 40m，次干路为 20 ~ 24m，支路为 14 ~ 18m，各类道路的特性详见表 7–1。

表 7–1 市区各级道路空间分类特性表

道路空间分类及特性	快速路	主干路	次干路	支路	
				集散道路	巷道
1. 进出管制	有	部分	部分	无	无
2. 行驶车辆	各种车辆	各种车辆	各种车辆	各种车辆	各种车辆
3. 车道数（单向）	4 条及以上	4 条及以上	2 条及以上	1 条或 2 条	1 条或 2 条
4. 中央分隔带	有	有	有或无	无	无
5. 快慢车道分隔带	无	有或无	有或无	无	无
6. 机车道	无	有或无	有或无	有或无	无
7. 路肩	有	无	无	无	无
8. 路边停车	禁止	原则禁止	可规划	可规划	可规划
9. 公交车专用道	有或无	有或无	有或无	无	无
10. 公交车停靠站	禁止	允许	允许	允许	无
11. 人行道	无	路侧	路侧	路侧	有或混合
12. 脚踏车道	无	路侧	路侧	路侧	有或混合
13. 行人穿越设施	立体	平面或立体	平面或立体	平面或立体	—
14. 公共设施带	有或无	有	有	有	有或无

按国家有关规定，城市道路根据其使用功能、任务和适应的交通量，还可划分为五个等级，即高速公路、一级公路、二级公路、三级公路和四级公路。其中，高速公路是专供汽车分向和分道行驶并全部控制出入的多车道公路，一至四级的公路要求见表 7–2。

表 7–2 一至四级公路基本要求

公路级别	设计车速（km/h）	单向机动道（条）	机动车道宽度（m）	道路总宽度（m）	分隔带设置
一级	60 ~ 80	≥ 4	3.75	40 ~ 70	必须设
二级	40 ~ 60	≥ 4	3.50	30 ~ 60	应设
三级	30 ~ 40	≥ 2	3.50	20 ~ 40	可设
四级	30	≥ 2	3.50	16 ~ 30	不设

三、城市道路的路面种类

（一）按路面的结构强度分类

1. 高级路面

高级路面强度高、刚度大、稳定性好、表面平整并且使用年限长。其交通量大、车速高、运输成本低、建设投资高、养护费用少，适用于城市快速路和主干路（表 7–3）。

2. 次高级路面

次高级路面的强度、刚度、稳定性、使用寿命、车辆行驶速度、适应交通量等均低于高级路面，但其维修、养护、运输费用相对较低，可在城市次干路和支路采用（表 7–3）。

表 7–3　城市道路的路面等级和面层材料

城市道路分类	路面等级	面层材料	使用年限（年）
快速路、主干路	高级路面	水泥混凝土	30
		沥青混凝土、沥青碎石、天然石材	15
次干路、支路	次高级路面	沥青贯入式碎石（砾石）	12
		沥青表面处理	8

（二）按路面的力学特性分类

1. 柔性路面

指在行车荷载作用下产生的弯沉变形较大、抗弯强度小，在反复荷载作用下可产生累积变形的路面，如各种沥青类路面。

2. 刚性路面

指在行车荷载作用下产生板体作用、抗弯拉强度较大、弯沉变形很小的路面，如水泥混凝土路面。

第二节　城市街道景观环境的构成要素与设计原则

街道是一个没有封闭点和终结点的开放空间。街道由于不同地域文化、自然环境、社会政治、经济等因素的影响而呈现出不同的景观特征。街道景观环境规划与设计是改变城市面貌的重要途径，也是城市更新的主要内容。

一、城市街道景观环境的构成要素

城市街道景观环境的构成要素会由于道路类别不同而各异，主要包括汽车道、机车专用道、公交车专用道、中央分隔带、快慢车道分隔带、自行车道、人行道、路边停车空间、排水设施、公共设施带、道路绿化等规划单元，以及沿街建筑或构筑物，同时还包括周围环境因素、沿街广告设施、店面牌匾及行人和车辆等（图 7–3）。

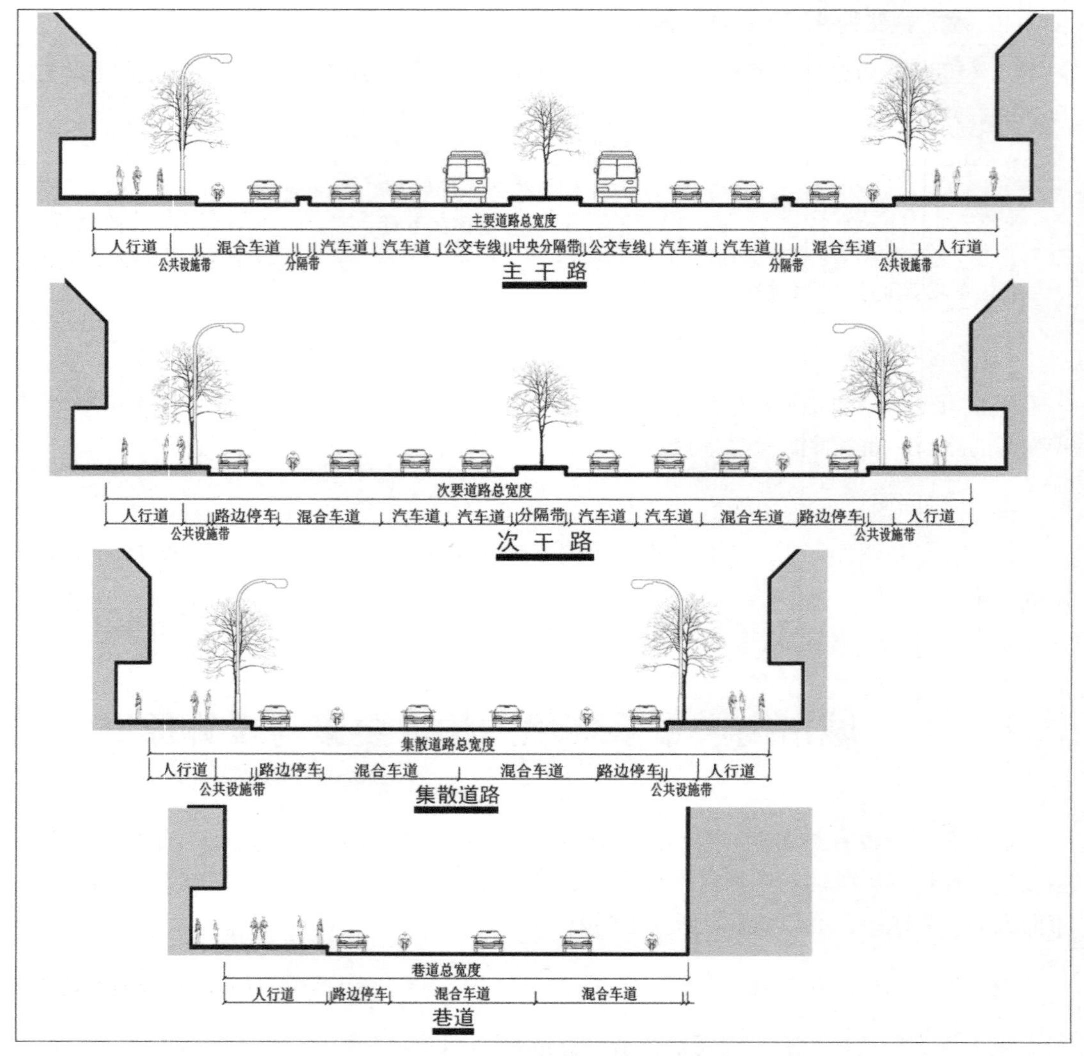

图 7-3　城市道路断面的构成要素

二、城市街道景观环境的设计原则

1. 实用原则

城市街道景观应首先满足人行通道的功能需求，然后才是商业价值的体现。

2. 因地制宜原则

城市街道景观环境设计应强调利用现状地形与植被的重要性，宜采用乡土材料来达到理想的景观环境效果。

3. 可持续发展原则

城市街道景观环境的规划与设计，应对场地内的生态资源、自然景观及人文景观进行保护和利用，以使生态环境、自然资源、城市建设等适应可持续发展的要求。

4. 可识别原则

城市道路应具有可识别性和导向性，不同类型或功能的街道景观应有所区别，既要体现街道的地方特色，又要形成特定的街道景观空间。

5. 整体原则

应将城市街道空间的地形、地貌及生态特色进行整体设计，统一考虑道路两侧的建筑风格、绿化配置、公共设施、环境主色调、历史人文要素，以及空间节奏与韵律等方面的体现，要避免片段的堆砌和拼凑（图 7–4）。

图 7–4　法国巴黎香榭丽舍大街俯瞰景观

6. 美学原则

城市街道的景观环境设计不但要满足人们居住、出行的需求，同时更要注重审美的体现，这是城市环境建设的高层次追求。

第三节　城市街道景观环境设计的基本思路

不同类型的城市道路，由于使用方式和使用对象等的差异，在景观环境设计上其侧重面与表现手法也会各有不同。城市道路若按活动主体来划分，还可分为车行道路、人车混杂型道路以及步行道路等类型。现将车行道路和人车混杂型道路的景观环境设计基本思路简要介绍如下。

一、车行道路景观环境设计

车行道路（快速路）会受城市用地的限制，常表现为高架与立交的空间形式，其道路景观环境设计与一般道路的要求有所不同（图 7–5）。

图 7–5　中国上海高架快速路景观

（一）道路形式的设计

对于市区内快速路的高度、宽度及体量的把握，要结合城市传统景观的不同特点进行充分考虑，应尽量降低快速路形体对传统景观及周边环境产生的割裂影响，尤其要控制好快速路的高度，以避免对传统建筑立面造成比例关系的破坏，必要时可采用地面式车行道路或拉开与建筑的距离等处理办法来解决这一问题。

（二）建筑形式的设计

建筑形式的设计应与快速路上的景观感受相适应，可采用双重设计形式，即建筑物的上部位于快速行驶汽车中人的视觉范围内，只需以色彩的构成设计为主；而建筑的下部处于慢行汽车或行人的视觉可及范围内，应依据人的尺度进行设计，并具有一定的细部处理。由于快速路的设计形式单一且交叉口较少，极易产生行进中的单调和乏味感。因此，对于地标建筑的设计就显得尤为重要，它的视觉标志性可以成为快速路上的景观高潮，使沿途的道路景观具有节奏感和兴奋点。

（三）道路设施的设计

快速路上的道路设施一般包括照明设施、标志与广告牌、信息显示牌、护栏、隔音板等。在充分满足道路设施的使用功能时，还要注重它的城市美化功能，应避免道路设施对周围景观环境造成消极影响。

二、人车混杂型道路景观环境设计

城市中的人车混杂型道路一般分为以车行交通为主的道路和以生活性为主的道路两种。

（一）以车行交通为主的道路

以车行交通为主的道路交通流量较大，路幅也较宽。其景观环境设计除要满足安全性、可识别性、可观赏性、适合性、可管理性以外，还应给步行的人提供方便，如设置公交车候车亭、休息座椅、垃圾箱、无障碍盲道、绿化植物等人性化的设计内容。

1. 道路形式的设计

以车行交通为主的人车混杂型道路应充分注重步行的安全性，为利于车行的便捷，在道路线型设计上应以直线为主。对于街景气氛的营造应通过对道路空间以及建筑物高度与道路宽度的比例来把握，以增强街道空间的亲切感和街区形象特征（图 7–6）。

图 7–6　英国伦敦市区的道路空间

2. 建筑形式的设计

建筑形式设计应考虑车行和步行的双重视觉感受。对于车行来说，应强调建筑物的外轮廓线、阴影效果和色彩的可识别性；而对于自行车和步行来说，应精心处理好建筑物底层立面的质感、细部等设计内容。

3. 道路设施的配置及设计

以车行交通为主的人车混杂型道路应设置减速标志和减速设施，对于隔离设施的设置也要有所增加。应配置相应的道路公共设施为使用者提供方便，道路公共设施的造型及色彩设计应与整体街景相协调，同类设施应体现出系列化、标准化的特点。

4. 道路绿化设计

以车行交通为主的人车混杂型道路，其人行道的尺度较大，可考虑草坪、绿篱、花坛、行道树等多种绿化形式。树木的种植间距不应对行人或行驶中的车辆造成视线障碍，在绿化植物的品种搭配上，应充分考虑到随季节变化而产生的街景绿化效果。

（二）以生活性为主的道路

以生活性为主的道路，其通行车种复杂、车行速度较慢、人流较多，一般包括以居住为主的街道、以商业为主的街道和以行政办公为主的街道，其景观设计应强调多样性和复杂性。

1. 街道形式设计

城市生活性道路是以城市生活为主的，它对场所感的要求较强。对于道路形式的设计，应充分满足街道中活动内容的需要，可根据街道功能特点适当考虑街道空间的趣味性变化。

2. 沿街建筑的设计

在生活性街道中，应对临街建筑的文化性与历史延续性进行充分考虑，并对建筑的底层部分做精心设计，以增强街道空间的亲切感和观赏性（图 7–7）。

图 7–7　德国法兰克福的生活性街道景观

此外，街头广告的尺度也不宜过大，切不可影响原有建筑的体量感和立面风格。景观雕塑与小品的体量、色彩及主题等应与整体街景协调一致并具有生活情调。

3. 道路公共设施的配置及设计

生活性道路公共设施的配置与设计应充分为使用者提供方便，在造型及色彩搭配上应与街道环境相协调并体现文化内涵。

4. 道路绿化设计

在生活性街道中，由于行人数量较行车多，应尽量少用草坪。除行道树外，适合采用配有防护措施的绿化形式，要充分考虑绿化景观的夜晚灯光效果，以给街道的夜景增添亲和力。

第四节　城市街道景观环境的规划与设计要点

一、城市道路规划的单元设置尺寸

城市道路空间的规划单元设置尺寸及道路横断面布设范例详见表 7–4 和表 7–5。

表 7–4 城市道路规划单元设置尺寸表（单位：m）

道路分类设置需求	主干路（快速路）	次干路	支路	
			集散道路	巷道
分隔带开口间距离	300（600）	100	—	—
人行道宽度	4 ~ 1.5	3.5 ~ 1.5	2.5 ~ 1.5	1.5
汽车道宽度	3.5 ~ 3（3.75 ~ 3.5）	3.5 ~ 3	3	2.5
混合车道宽度	5 ~ 3.5	5 ~ 3.5	5 ~ 3.5	5 ~ 2.5（单向）
自行车道宽度	1.5	1.5	1.5	1.5
公交车专用道宽度	3.5 ~ 3.25	3.5 ~ 3.25	—	—
邻近路口车道宽度	≥ 3	≥ 3	≥ 2.5	≥ 2.5
中央分隔带宽度	4 ~ 0.5	1.5 ~ 0.5	—	—
快慢车道的分隔带宽度	≥ 0.5	≥ 0.5	—	—
公交车停靠空间宽度	3.5 ~ 3	3.5 ~ 3	—	—
路边汽车纵向停车空间宽度	2.5	2.5	2.5	2.5

表 7–5 城市道路横断面布设类型范例

功能分类		路型编号	道路规划单元数量（条）								总宽度的范围（m）
			中央分隔带	汽车道	车道分隔带	混合车道	路边停车带	公交车专用道	公共设施带	人行道	
主干路		主(1)	1	4	2	2	0	2	2	2	49 ~ 35
		主(2)	1	4	0	2	0	2	2	2	47 ~ 33
		主(3)	1	4	0	2	0	0	2	2	40 ~ 27
		主(3)	1	2	0	2	0	0	2	2	33 ~ 21
次干路		次(1)	1	4	0	2	2	0	2	2	41 ~ 31
		次(2)	1	2	0	2	2	0	2	2	34 ~ 25
		次(3)	1	0	0	2	2	0	2	2	27 ~ 19
支路	集散道路	集(1)	0	0	0	2	2	0	2	2	23 ~ 18
		集(2)	0	0	0	2	0	0	2	2	19 ~ 14
	巷道	巷(1)	0	0	0	2	1	0	0	1	15 ~ 10
		巷(2)	0	0	0	1	2	0	0	2	12 ~ 9
		巷(3)	0	0	0	1	1	0	0	1	10 ~ 7

二、城市街道景观环境规划的主要内容

（一）道路绿地率指标的确定

在规划道路红线宽度时，应同时确定道路绿地率。城市道路绿地率应符合下列规定。

（1）园林景观道路的绿地率不得小于 40%。

（2）当道路红线宽度大于 20m 时，绿地率不得小于 30%。

（3）当道路红线宽度小于 20m 时，绿地率不得小于 20%（图 7–8）。

图 7–8 城市街道绿化景观

（二）道路交通整治规划

1. 道路规划

道路规划一般主要包括交通组织，机动车、非机动车数量统计及预测，停车场需求分析，公交线路规划，绿化设计等。下面重点介绍一下道路绿化设计。

（1）分车绿化带设计　对于分车绿化带的植物配置，应注重布局形式简洁、树形整齐、排列一致。

①乔木树干中心至机动车道路的路缘石外侧距离不宜小于 0.7m。

②主干路、次干路的中间分车绿化带及交通岛绿地不得布置成开放式绿地。

③中间分车绿化带应能够阻挡相向行驶车辆的眩光，其高度宜为高出路面 0.6 ~ 1.5m。植物的配置应常年枝叶茂密，其株距不得大于树木冠幅的 5 倍。

④当两侧分车绿化带的宽度大于或等于 1.5m 时，应以种植乔木为主，并宜乔木、灌木、地被植物混合配置。种植乔木的分车绿带宽度不得小于 1.2m。主干路上的分车绿带宽度不宜小于 2.2m。

⑤街道两侧的乔木树冠不宜在机动车道上方搭接。

⑥当分车绿化带宽度小于 1.5m 时，应以种植灌木为主，并应灌木、地被植物结合配置。

⑦被人行横道或道路出入口断开的分车绿化带，其端部应采取通透式配置。

⑧对于道路中心岛的绿地植物配置，应保持各路口之间的行车视线通透，且应将其布置成装饰绿地。

（2）行道树绿化带设计

①行道树绿化带应以行道树种植为主，并宜乔木、灌木、地被植物混合种植。行道树绿化带的宽度不得小于 1.2m。在行人较多的路段，当行道树不能连续种植时，行道树之间宜采用透气性路面铺装，树池上宜覆盖池篦（图 7–9）。

图 7–9　城市街道行道树绿化带景观

②行道树的种植株距应以该树种的壮年期冠幅为准，最小种植株距应为 4m。行道树树干中心至路缘石外侧的最小距离为 750mm。

③种植行道树时的苗木胸径，快长树不得小于 50mm，慢长树不宜小于 80mm。

④在道路交叉口的视距三角形范围内，行道树绿化带应采用通透式配置。

2. 道路用地功能调整

必须根据城市街道的现状条件确定切实可行的规划设计对策和功能配置格局。应针对不同类型地块的特点与要求，采取相应的规划设计方式，以优化土地功能结构并使规划设计更具可操作性。

3. 沿街建筑性质调整

为提升城市街道的活力和优化功能区域，应对某些已不适应原有功能的老建筑，根据其实际情况进行使用性质的调整，或者改变其用途（图 7–10）。

图 7–10　对老建筑改变用途并发挥街道活力

（三）沿街建筑立面规划设计

根据街道景观的现状建筑质量和外观条件，可将沿街建筑的立面规划分为三个级别。

1. 保留

对目前质量尚好、门窗墙面均未破损的建筑应予以保留。可采取清洗、粉刷、去污除垢的整治措施，使建筑立面整洁一新。

2. 整治

对建筑立面有一定破损、受其他构筑物遮挡、使用不当，以及由于建筑性质改变的建筑立面进行整治改造。除采取清洗、粉刷等措施外，还应对临街的遮阳（雨）篷、花架、空调架、窗体等进行统一改造。

3. 更新

对临街违章建筑、有碍景观的临时建筑及构筑物进行拆除。随用地调整需重建、改建的建筑，应按整治规划相关要求重新进行建筑设计，需重建的内容应有完整的申报文件。

（四）街道公共空间环境规划

城市街道公共空间环境规划，主要包括市政设施、交通设施、广告牌匾灯箱、商业店面、道路设施及小品等方面的规划设计内容，现简要介绍如下。

1. 市政设施规划

主要包括电力、电信、通信杆线、街灯、路灯、装饰灯、环卫设施等的改建和增加。

2. 交通设施规划

主要包括机动车停车场、非机动车停车场、规划单位内部停车场、公交汽车候车亭、盲道等的改造和设置。

3. 广告牌匾与灯箱规划

主要包括对沿街广告牌匾与灯箱的使用性质以及设置位置、尺寸、材质、色彩等方面的规划与设计。

4. 商业店面规划

应根据沿街店面的经营性质、建筑形式以及街道总体色调等现状，统一规划和设计各家店面的橱窗或门匾。同时还应对街道上的各类围墙做出统一设计。

5. 道路设施及小品规划

主要包括路灯、垃圾箱、邮筒、电话亭、街牌、信息标识牌、装饰小品等的规划与设计。

三、目前城市街道空间存在的主要设计问题

目前的城市街道空间设计有时会出现仅注重空间的形式感而缺少对区域形象的个性体现的问题，还会出现由于对环境的营造不足而使空间感受缺乏亲切感等现象。在此，为加强对街道公共空间的个性特征与亲切感的体现，可从以下三个方面来进行思考和规划街道空间。

（一）注重街道空间布局的系统性

街道空间是城市公共空间系统的重要组成部分，在空间形态上可表现为点、线、面的不同特征。在此，点是指城市的微型公园、街头绿地、道路交叉口、区域性小广场等节点空间；线是指商业街、步行街、滨江路、林荫道等线性空间；面是指城市中心广场、火车站前广场以及客运码头和航空港等空间。街道空间设计应全面分析街道的性质和布局特点，并研究街道的分布状况、购物能力、传统习惯、交通组织等相关因素，从而才能对街道公共空间进行统筹安排和布局，如某城市中心城区的街道空间控制性规划（图 7–11）。

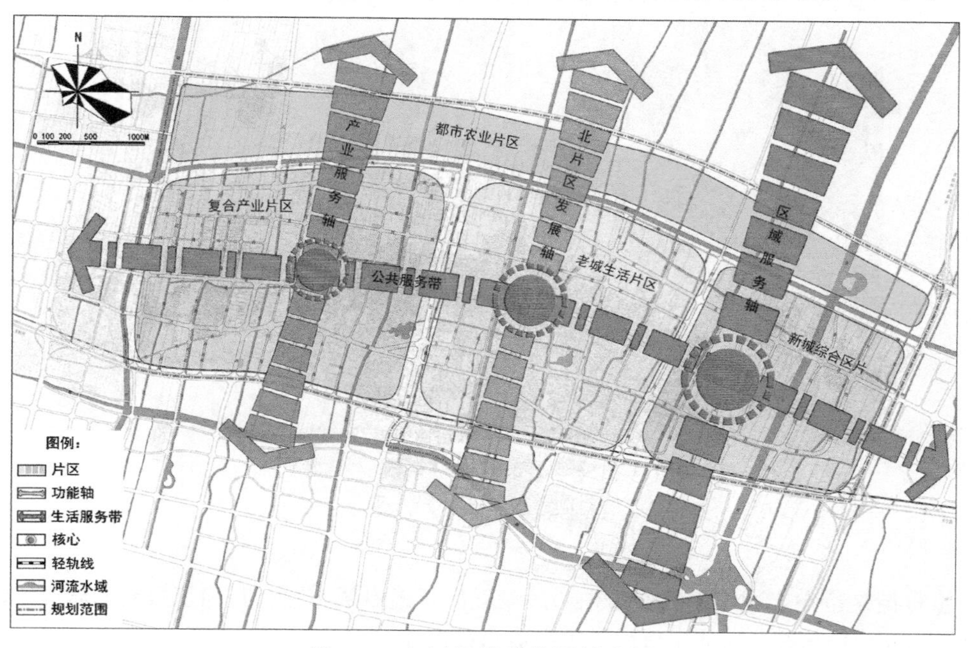

图 7–11　中心城区街道控制性规划图

（二）创造街道空间的个性与特色

街道空间设计应尊重历史。延续文脉，根据该城市的地方文化、时代背景、地形地貌和自然环境等相关因素，运用形式、色彩、光影、体量等综合表现手段，来营造街道公共空间的个性特征。街道空间的特色体现，一般包括特定的空间关系、道路形状、主要建筑特点、标志物、铺地材料与图案特征以及植物配置的乡土化等诸多方面。

（三）塑造人性化的街道空间

街道空间设计必须满足人的生理、心理、行为、审美、文化等方面需求，以安全、舒适、令人愉悦为目的。应依据人的尺度和视觉感受，营造街道空间的亲切感和认同感；考虑街道空间形态的多样化，满足不同人群的活动规律和切实需要；强调街道空间的公共参与性，应考虑无障碍设计，并使审美、参与和娱乐相结合；提倡街道空间的开放性，拆除不必要的围栏及围护墙；突出家乡特有的街道景观，体现家乡的街景特色，避免城市街道的雷同现象出现。

第五节 步行街的景观环境设计

步行街是以步行交通为主的街道，是现代城市空间的重要组成部分。步行街的规划与建设已成为完善城市职能、塑造城市形象的重要手段（图 7–12）。

图 7–12 英国南约克郡谢菲尔德步行街景观

一、步行街概念

步行街是指在交通集中的城市中心区设置的行人专用道路，是为了振兴老城区、恢复城市活力和保护传统街区而采取的一项街道建设措施。

二、步行街主要类型

（一）按建设方式划分

步行街若按建设方式划分，可分为改建步行街和新建步行街。

1. 改建步行街

改建步行街是将老城区中原有的中心商业街通过交通管理和改造而建成的步行街。

2. 新建步行街

新建步行街是指在老城区或新城区的中心区，按人车分流原则重新建设的步行街。

（二）按使用功能的侧重点划分

步行街若按使用功能的侧重点来划分，可分为商业步行街、旅游观光休闲步行街和社区生活步行街。

1. 商业步行街

商业步行街以谋求商业利润为根本目标，同时应注重步行街对于城市中心区的形象塑造。在商业步行街中，往往可营造出某种比较亲切宜人的空间氛围，使人们在购物之余仍愿意留在步行街中进行其他活动（图 7–13）。

图 7–13　英国布莱顿商业步行街景观

2. 旅游观光休闲步行街

旅游观光休闲步行街一般存在于具有悠久历史和文化底蕴的城市中。在旅游观光休闲步行街中，人们可充分感受到交往、休闲和娱乐的情趣，而购物不再是主要目的。

3. 社区生活步行街

社区生活步行街一般位于居住区或几个居民区的结合部内，可能会具有商业功能，也可能是纯粹为居民休闲、娱乐而建设的步行街。

三、步行商业街的规划原则

步行商业街的规划与设计同其他街道类型相比还有其自身的特殊性和相关要求，对于商业步行街的规划应遵循以下原则。

（一）合理选址与准确定位原则

步行商业街应建于人流密度大且相对中心的城区，但不能以牺牲周边环境和交通为代价；步行商业街应有明确的主题定位，并与街道情况和周边环境相呼应；步行商业街应提供室外购物、休闲、餐饮等功能空间，这是室内商业活动向室外的延伸。

（二）规模适度原则

规模过于庞大的步行商业街会使行人有一种难以亲近的感觉。一般来说，步行商业街的长度应控制在 300m 左右，且不应超过 600m，宽度应控制在 20 ～ 25m 之间。为确保步行街道宽度与两侧建筑高度之间建立良好的比例关系，沿街的建筑物一般不应超过 3 层。

四、步行商业街景观环境规划要点

对于步行商业街的景观环境规划与设计，应符合以下规定。

（1）改、扩建的步行商业街，其道路红线宽度不宜小于 10m。

（2）新建的步行商业街应预留出不小于 5m 宽的消防车通道。

（3）步行商业街的长度不宜大于 500m，并在每间距不大于 160m 处宜设有横穿该街区的消防车道。

（4）在步行商业街的上空如设有罩棚，净高度不宜小于 5.5m，其构造应符合防火规范的规定，并采用安全的透光材料（图 7–14）。

图 7–14　西班牙马德里步行街景观

（5）步行商业街的道路应满足送货车、清扫车和消防车的通行要求。

五、步行商业街景观环境设计的基本思路

步行商业街的出现给城市街道建设带来了许多生机，其景观环境应具有安全、方便、舒适、可识别、可适应、可观赏、亲切感、公众性以及便于管理等基本特征。此外，还应注重和强调街道空间的个性化、人性化及趣味性和亲近感，并要充分满足自然环境、历史文化、人与环境等多方面的要求。现对步行商业街的景观环境设计基本思路简要介绍如下。

（一）步行商业街的空间形式设计

应通过街道的空间形式来体现步行商业街的景观个性。由步行商业街的建筑高度与街道宽度所建立的比例关系，要能营造出亲切、和谐的空间尺度，应适于人们交往、休闲、娱乐等活动的进行。沿街建筑物的风格、色彩、体量、质感等应体现出商业街景观的鲜明个性。

（二）步行商业街的地面铺装设计

应根据城市气候特点选择步行街的地面铺装材料。如在炎热多雨的城市中，应选用吸水性强、表面粗糙的地面铺装材料；而在寒冷且少雨的城市中，应选择吸水性差、表面粗糙和坚硬的地面铺装材料。同时，地面铺装材料的材质、色彩及图案等应与商业街的整体景观形象相统一。

（三）步行商业街的设施设计

步行街中的道路设施设计要考虑到人们的多种使用需求，如要设置停车场、自行车停车位、电话亭、手机充电站、自动提款机、垃圾箱、道路指示牌、导游图、休息坐具等，应以体现城市文化、使用方便、尺度亲切、布局合理和无障碍设计为原则。

（四）步行商业街的小品设计

小品的设计题材要来自于城市的历史、文化、典故及事件等，并让人们感到亲切和熟悉。应以强调街道环境的文化内涵及人文特色为主，使人们在购物、观景的同时也能受到传统文化的熏陶（图 7–15）。

图 7–15　步行街雕塑与小品的人文特色

（五）步行商业街的绿化设计

为突出商业步行街的繁华景象，一般不宜采用较高大的绿化树种，而且种植密度也要适中，以不妨碍展现街道两旁商业建筑的营业氛围为宜。在休闲型小广场或道旁休息座椅等处应适当种植一些遮荫树木，以备夏季炎热时对街道的休息区域进行遮阳和局部降温。

第六节 城市街道景观环境设计实例

城市街道景观环境设计应以城市总体规划、道路交通规划以及功能区划为导向，并结合区域文化与形象定位、社会群体结构与风俗习惯、地形地貌与生态环境等，创造出以人为主体，且具有地域文化内涵的特色街景。

为了对城市街道空间有一个更为全面的认识和理解，可通过以下的街道景观环境设计实例，进行有关设计理论与实践方面的思考和探究（图 7-16 ~ 图 7-23）。

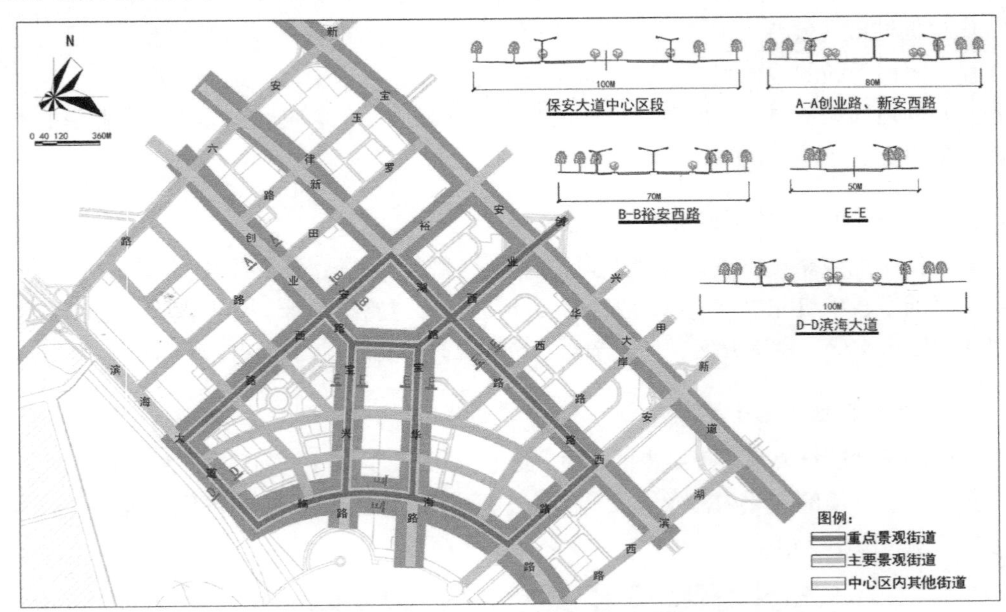

图 7-16　中心区景观道路总体规划

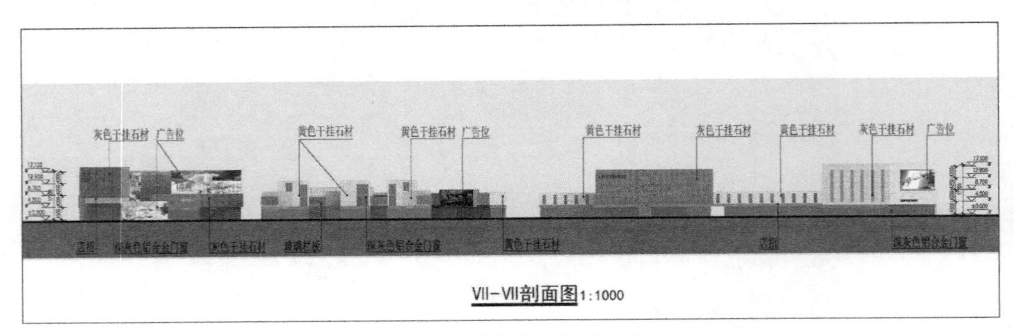

图 7-17　步行商业街剖面图

图 7–18　城市道路景观透视图（计算机绘制）

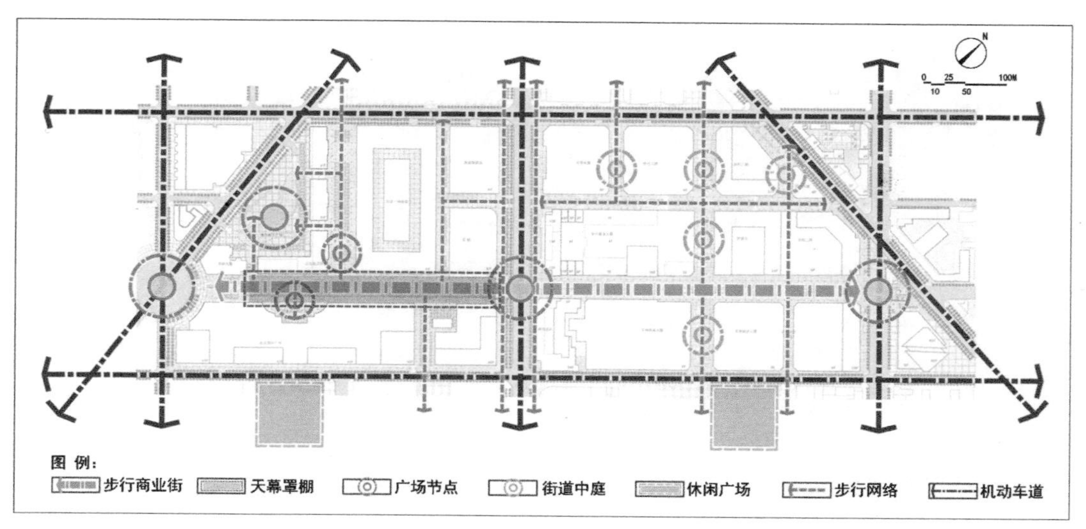

图 7–19　步行商业街交通结构分析图

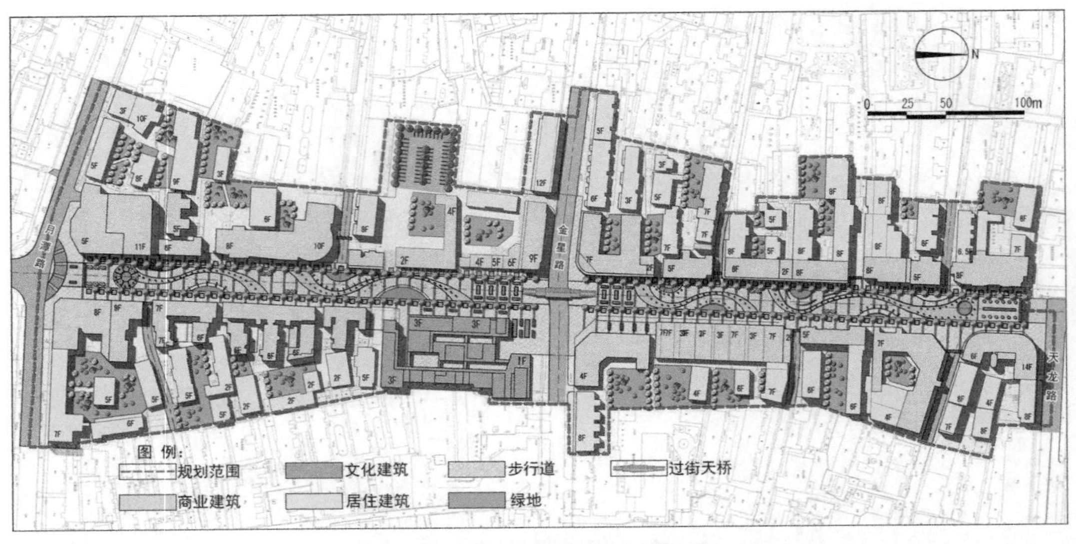

图 7-20　步行商业街规划设计平面图

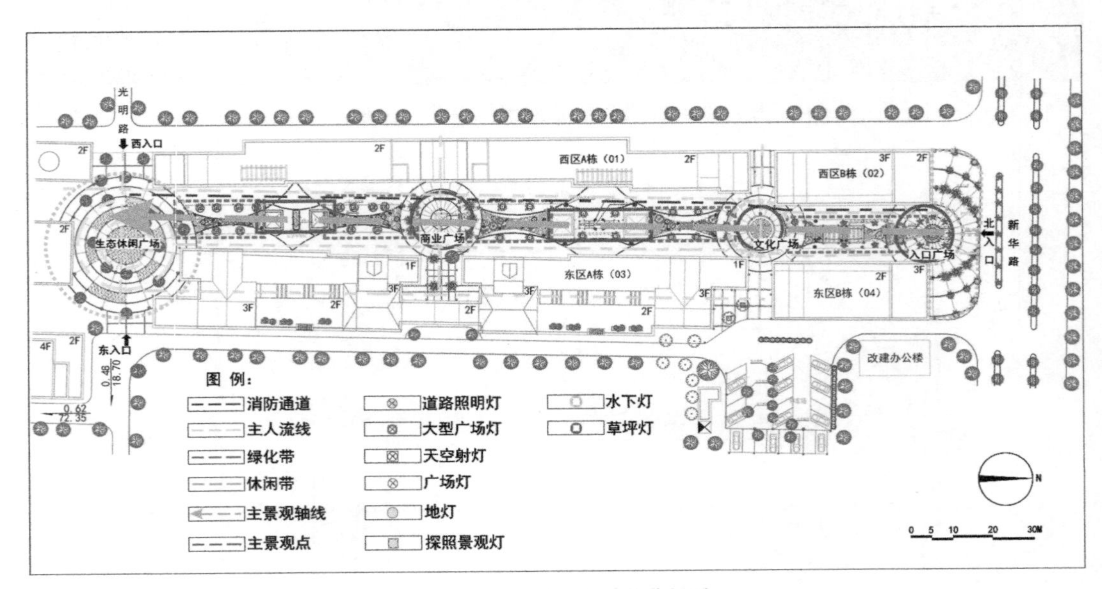

图 7-21　步行商业街功能分析图

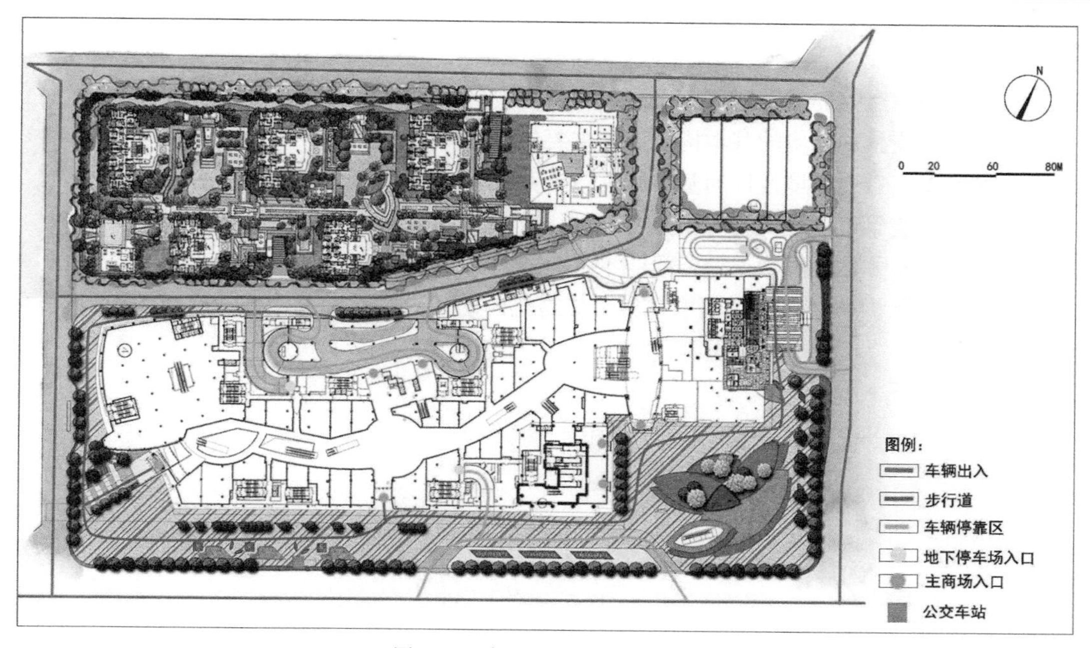

图 7-22　商业街交通流线分析图

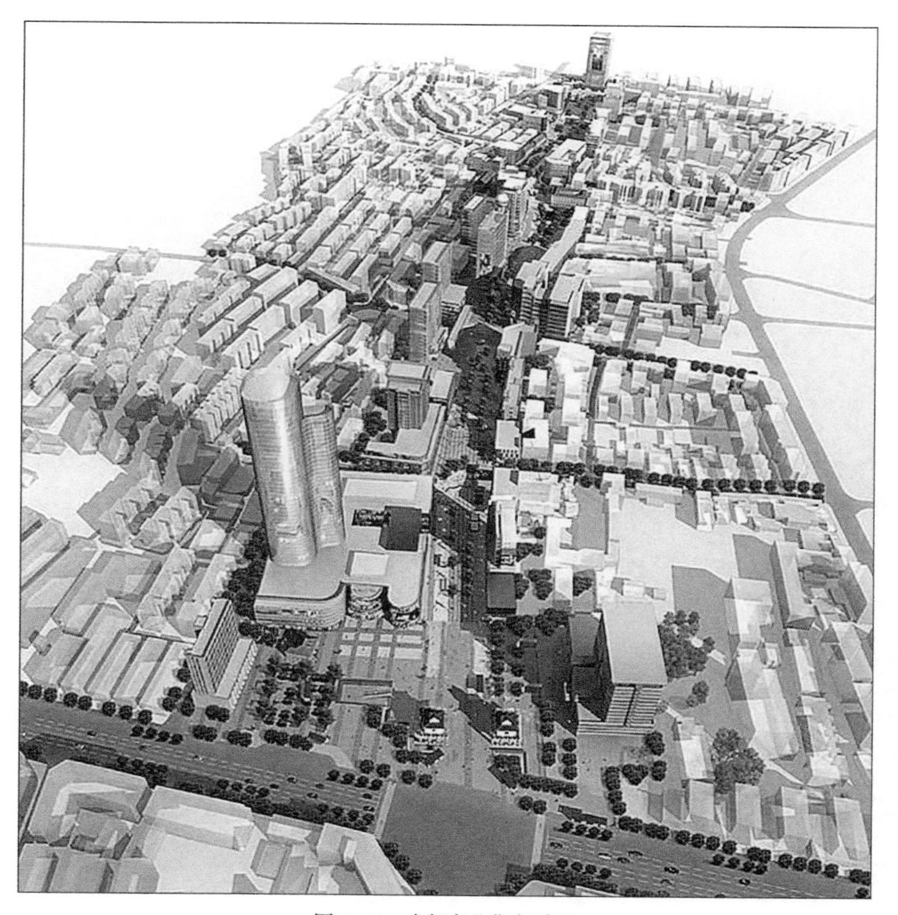

图 7-23　步行商业街鸟瞰图

思考题与习题

1. 简述城市道路的类别划分方式及相关内容。

2. 城市街道景观环境的基本构成要素主要包括哪些内容？

3. 城市街道景观环境设计的基本原则包括哪些方面？联系实际加以说明。

4. 城市街道景观环境规划的主要内容是什么？

5. 步行街有哪几种基本类型？商业步行街的规划原则是什么？

6. 联系实际谈一谈，应如何增强城市街道空间的地方特色？又怎样使故乡的街道具有亲切感？

第八章
广场景观环境设计

学习目标及基本要求：

了解广场的作用、特征、类型和相关设计要求；理解城市广场景观环境设计的基本原则及设计思路；掌握广场空间的界定方法，能够将广场景观环境设计的理论与实践相结合，能够进行广场景观环境的概念性和建设性方案设计。

学习内容的重点与难点：

重点是广场景观环境的空间设计方法。难点是城市广场的文化定位与地方特色体现。

第一节 现代广场的含义、类型划分和基本要求

一、广场的形成和发展

“广场”一词源于古希腊。广场最初被用于议政和市场，是人们进行户外活动和社交的场所，且场地位置和环境也不固定。

从古罗马时代开始，欧洲广场的使用功能逐步由集会、市场扩大到宗教、礼仪、纪念和娱乐等活动，广场也开始固定在某些公共建筑前的附属场地上（图 8-1）。

图 8–1　公元前 8 世纪的古罗马广场遗址

至中世纪（约公元 476 年 ~ 公元 1453 年），意大利的广场开始形成与城市整体空间互为依存的城市公共中心广场雏形（图 8–2）。

图 8–2　意大利威尼斯圣马可广场（初建于公元 9 世纪）

到了巴洛克时期（大致为 17 世纪），欧洲城市广场开始与城市街道联为一体，并成为整个道路网和城市空间序列的一部分（图 8–3）。

图 8–3　法国巴黎孚日广场（建于 1605 年）

二、现代城市广场的含义

广场是将人群吸引到一起，在城市中供公众进行活动的公共空间，兼有供人们集会、贸易、运动、交通、停车等功能。广场的数量、面积及分布位置应取决于城市的性质、规模和广场的功能定位。通常，广场空间的硬质地面面积应大于绿化面积，否则将会使其具有公园的特征及性质。

三、现代城市广场的作用

城市广场不仅是城市的象征和公众聚集的地方，而且也是体现城市文化及塑造自然美和艺术美的公共空间。因此，城市广场，尤其是城市中心广场，是一个城市的重要标志。城市广场的规划与设计对提升城市形象、增强城市的吸引力和活力均具有重要意义。

四、现代城市广场的基本特征

现代城市广场的基本特征可体现在使用性质的公共性、功能设置的综合性、空间场所的多样性、文化生活的休闲性等方面。

五、现代城市广场的类型

现代城市广场的类型划分，一般可以按照广场的性质、广场的平面组合形式和广场的剖面形式三种方式来进行分类。

（一）按广场的性质进行分类及相应要求

城市广场的性质取决于它在城市中的位置和所处环境、相关的主体建筑及主题标志物等，并且现代城市广场的性质也越来越向着综合性的趋势发展。因此，若按性质分类也仅能以该广场的主要性质来进行归纳，一般可分为市政广场、纪念广场、交通广场、商业广场、文化广场、休闲娱乐广场等，现将这几种广场的使用性质及基本要求做一下简要介绍。

1. 市政广场

（1）性质　市政广场是市政府定期与市民进行交流和组织集会活动的场所，多修建在城市的行政中心区，一般与城市重要的市政建筑共同修建，是城市广场的重要组成部分。

（2）基本要求　市政广场在平日里可供市民进行文化休闲活动，当设有集会功能时，应按集会人数规划出相应的占地面积，并提供有当大量人流迅速集散时所需的交通组织条件以及与其相适应的各类车辆停放场地（图 8–4）。

图 8–4　中国北京天安门广场（改扩建于 1949 年）

2. 纪念广场

（1）性质　纪念广场一般是设置在具有历史纪念意义的地区的广场，或是以历史文物、纪念碑等为主题用以纪念某一历史事件或某一人物的广场。

（2）基本要求　纪念广场应以纪念性建筑物为主体，并根据地形条件配置绿化和供人们瞻仰、游览的场地。为营造广场空间的安静气氛，应另辟停车场地，且避免导入车流。

3. 交通广场

（1）性质　交通广场通常设在环形交叉路口或桥头附近，并位于几条交通干路的交汇点上，主要作用是组织城市交通和美化城市道路景观。此类广场虽有街心花园的作用及形式，但一般不允许行人入内。

（2）基本要求　交通广场包括桥头广场和环形交通广场，应处理好交通广场与各条交通道路之间的相互位置关系，合理确定交通组织方式和广场平面的布置形式，应减少不同流向人或车的相互干扰，在必要时可设置人行天桥或地下人行通道。

4. 商业广场

（1）性质　商业广场主要是为了解决城市商业区交通拥挤并进行人车分流而建立的，通常以商业休闲广场和步行商业街广场的形式出现，此外还包括露天集市广场等形式。

（2）基本要求　商业广场应以人行活动为主，并合理布置商业贸易建筑和人流活动区。商业广场的人流进出口应与周围公共交通站点相协调，要合理解决广场范围内人流与车流的相互干扰问题（图 8–5）。

图 8–5　法国巴黎拉德芳斯广场（始建于 1985 年）

5. 文化广场

（1）性质　文化广场一般以文化类建筑为依托，可为市民提供观演、露天文艺表演、文化交流与沟通以及休闲娱乐等活动场所。

（2）基本要求　文化活动广场应做到“闹中取静”，并具有一定的相对独立性。一般以主要文化建筑为主体，主体建筑通常包括博物馆、展览馆、图书馆、影剧院、音乐厅、文化活动中心，以及其他具有历史文化意义的场所等。

6. 休闲娱乐广场

（1）性质　休闲娱乐广场一般设立在居民区附近或居住区内，可为居民提供晨练、休息、交往、游戏以及户外运动等场所，以丰富居民的户外休闲生活为主要目的。

（2）基本要求　休闲娱乐广场应根据居民构成特点、环境因素、生活方式、活动规律等要求，为居民提供安全、适宜的运动场地以及满足休闲娱乐等活动的户外空间。广场布局应动静分区、人车分流，合理组织活动空间，应体现出功能设置的丰富性和人性化需要。

（二）按广场的平面组合形式分类

广场平面有自发式和规划式两种形成途径。由于城市广场的设置受地形条件、生活观念、时代文化等因素的影响，广场组合方式也表现出各种不同的形态，大体上可分为单一形态广场和复合形态广场两种平面布局形式。

1. 单一形态广场

单一形态广场的平面形式一般还可分为规整形广场和自由形广场两种类型。

2. 复合形态广场

复合形态广场的平面组织形式仍可分为有序复合形态广场和无序复合形态广场两种类型。如位于意大利罗马的西班牙大台阶广场空间，其巧妙地将西班牙广场与三位一体教堂广场组合在一起（图 8-6）。

图 8-6 位于意大利罗马的西班牙大台阶复合形态广场（建于 18 世纪）

（三）按广场的剖面形式分类

城市广场若按剖面形式进行分类，可分为平面型广场、立体型广场两种类型。其中，立体型广场又可分为上升式广场和下沉式广场两种形式。

第二节 广场景观规划的设计原则及前期基础资料

城市广场是城市道路交通系统中具有多种功能的空间，是人们政治、经济、文化活动的中心，也是城市生活中主要公共建筑最为集中的区域。

一、城市广场景观规划设计的基本原则

城市广场景观环境的规划设计除应符合国家的有关规范外，还应遵循以下基本原则。

（一）系统性原则

城市广场设计应根据周围环境特征、城市现状和总体规划要求，确定其主要性质和建设规模，并进行统一规划、统一布局，使城市中的各广场能够相互配合，共同构成完整的城市广场空间体系。

（二）完整性原则

城市广场设计应保证其功能和环境的完整性。首先明确广场空间的主要功能，然后再设置次要功能及辅助功能，并使区域划分主次分明，充分体现广场功能的完整性。广场设计应注重所处环境的历史背景、文化内涵及周边建筑风格等问题，以保证城市环境的完整性。

（三）生态原则

现代城市广场设计应以城市生态环境建设和可持续发展为出发点。在城市广场设计中应充分引入自然和再现自然，以适应广场空间的生态需要，为市民提供亲近自然、景色宜人、健全高效的城市生态环境。

（四）“以人为本”的人文原则

城市广场设计应实现广场的可达性和可留性，并强化广场的场所意识。现代广场的规划设计应以人为主体，注重体现人性化的设计思路，使广场空间的文化特色和活动内容等能够更进一步贴近人的生活情趣。

（五）地方特色原则

首先，城市广场设计应突出当地的人文特征和历史特性。要通过特有的功能形式、场地条件、人文主题以及景观艺术处理手法等，来塑造城市广场的鲜明个性。应继承当地的历史文脉、地方风情、民俗文化及建筑特色等，以增强广场的凝聚力和旅游吸引力。其次，城市广场设计应以当地的地形地貌和气候条件为前提，以突出地方自然特色为根本。最后，城市广场设计应强化其地理特征，尽量采用具有地方特色的建筑形式和建筑材料（图 8–7）。

图 8–7　美国纽约时代广场（更名于 1904 年）

（六）效益兼顾与多样性原则

不同类型的广场虽然都有一定的主导功能，但是现代城市广场的功能却向着综合性和多样性衍生。应根据社会不同群体的行为和心理需要，使广场设计的艺术性、娱乐性、休闲性、纪念性以及场地使用效率等能够兼收并蓄，为人们提供功能设置多样化的活动空间。

（七）突出主题原则

城市广场设计应围绕主要功能展开，明确广场主题并形成广场的主题特色和凝聚力。

在城市广场规划设计中，应突出城市广场在塑造城市形象、满足人们活动需求和改善城市环境三个方面的功能，使广场的主题表现具有时代特征、城市特色和文化魅力（图 8-8）。

图 8-8　俄罗斯莫斯科二战胜利纪念广场（建于 1995 年）

二、城市广场规划设计需收集的基础资料

针对城市广场景观环境规划设计，应在规划前期收集以下基础资料。

（1）城市总体规划、分区规划或详细规划，对本景观规划设计地段的规划要求，以及相邻地段已批准的规划资料。

（2）建设方及政府规划部门的倾向性意见、开发意向、前期资金投入和运作模式，以及广场景观建设在后期管理过程中的措施和办法。

（3）建设规划许可证批文及广场用地红线图。

（4）广场地段的市域图及区域位置图。

（5）广场现状地形图。广场建筑现状一般包括房屋用途、产权、建筑面积、层数、建筑质量、保留建筑等；广场植被现状一般包括植物种类、位置等；广场道路现状一般包括道路等级、路面质量等。广场地段公共设施规划、分布情况。

（6）广场地段的工程设施管网现状、规划位置及规模容量。

（7）广场地段的工程地质、水文地质等资料。

（8）广场所在区域的历史文化传统，包括历史演变、神话传说、名胜古迹等资料。

（9）广场所在区域的民风民俗，包括文化特色、居民生活习惯、生活方式等资料。

（10）广场所在区域的建筑特色，一般包括街巷、民居、地方特色建筑材料等资料。

（11）广场所在区域的植物特色，包括地方植物、特色种植方式、灌溉方式等资料。

第三节　城市广场的功能体现与空间界定

一、中西方古代广场的功能差别

中西方历史与文化存在差异，中国古代城市缺乏集会、论坛式的广场，而比较发达的是兼有交易、交往和交流活动功能的场所，见表 8–1。

表 8–1　中西方古代广场的类型及主要功能对比

区域	类型及名称	主要功能
中国古代城市广场	宫衙大门前沿广场	停驻车马、商贸（庙会）、烘托气氛
	庙宇山门前沿广场	
欧洲中世纪城市广场	市政广场、教堂广场、市场	政治、宗教、礼仪、商贸、休闲、交往等

二、城市广场的功能体现

广场空间为城市提供了展示形象的舞台，是城市环境的净化器，同时还是城市文化传承的物质载体。城市广场的功能可体现在以下几个方面。

（一）组织交通

广场是城市空间体系的重要组成部分，城市广场的分布与功能定位取决于一座城市的总体规划和功能区域划分。广场作为道路空间的一部分，是人、车通行和驻留的场所，起到交汇、缓冲和组织城市交通的作用（图 8–9）。

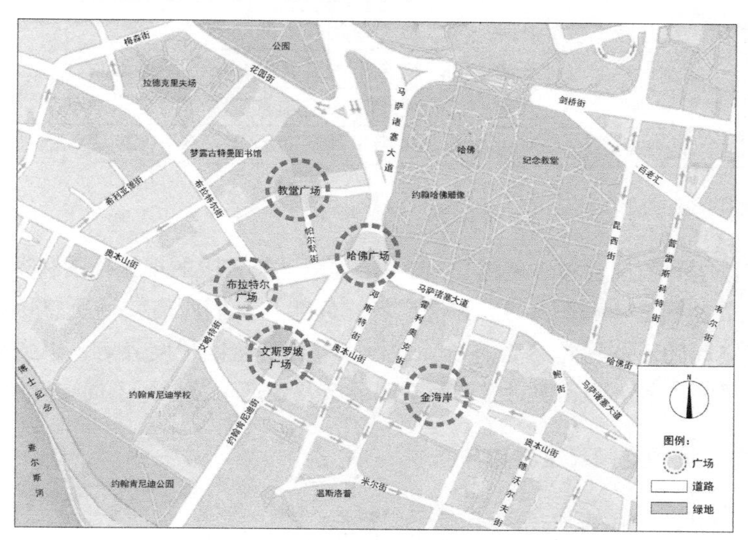

图 8–9　美国坎布里奇市广场分布示意图

（二）改善与美化环境

街道的景观轴线可在广场空间中相互连接、调整，从而加强城市空间的相互穿插和贯通，增强城市空间的深度和层次。广场的绿化和小品等设置将有利于多种广场活动的开展，既增强了城市生活的情趣，又可满足人们对于审美的需求。

（三）突出城市个性和特色

广场空间可突出展现城市的个性与特色，给城市增添魅力；或以浓郁的历史背景为依托，使人们在休憩中得到熏陶，了解城市过去曾有的辉煌。

（四）提供社会活动场所

广场空间可为城市居民和外来客人提供散步、休息、集会、交往和休闲娱乐的场所。

（五）城市防灾

城市广场空间可成为火灾、地震等突发事件的临时避难场所。

（六）组织商贸交流活动

城市广场可为商业交流、产品发布、商品推广等活动提供公众参与的公共平台。

三、现代城市广场发展趋势

现代城市广场的发展趋势具有多功能复合、空间多层次、地方特色与历史文脉继承、注重广场文化内涵等特点，具体内容见表 8–2。

表 8–2　现代广场的类型及主要功能

类型及名称	主要功能及特点
中心广场	开敞空间、展示城市形象、展示重要公共建筑、增强市民凝聚力
集会广场	开敞空间、便于公众活动与集会等
文化休闲广场	开敞空间、便于文化活动和休闲娱乐活动等
绿化广场（小游园、小公园）	开敞空间、便于休闲娱乐活动等
纪念广场	开敞空间、增强市民凝聚力和信心、体现政绩或业绩等
雕塑广场	开敞空间、便于开展主题教育和休闲娱乐活动等
重要建筑物前广场 / 居住区广场	开敞空间、作为户外活动场地、便于休闲娱乐活动等

四、城市广场的空间界定

人们对广场空间的视觉和心理感受，在一定程度上与人眼的视觉范围和视角特性有关，见第三章第二节的图 3–4 和图 3–5。为使广场空间能与人们所需的场所感相适合，应根据广场中各功能空间的不同视觉感受需要，进行人性化的空间尺度界定，以强化人们对空间的认同感、归属感和亲切感。现对广场的空间界定及处理手法做一下简要介绍。

（一）城市广场的空间尺度界定

1. 广场空间尺度的比例关系与视觉感受特点

在界定广场的空间尺度时，当围合建筑物或其他实体的间距 W 与其自身高度 H 的比值 W/H=1、2、3 时，这 3 个数值是确定广场尺度视觉感受中最为适合的常用数值。

实验证明，当 W/H=1 时，该空间是人观赏任何围合建筑物细部的最佳尺度；当 W/H=2

时，进则可观察建筑物的细部，退则可观察建筑物的整体，此位置是人观察广场中围合建筑物的最佳观察点；当 W/H=3 时，观察者能够感受到以围合建筑物为背景的、比较清晰的某一衬托对象。

2. 观察位置与视角范围的界定

人能够较好地观赏景物的最佳水平视角范围应在 60° 以内。当观察者观赏围合建筑物的最短距离等于该建筑物的宽度时，即水平视角范围在 54° 左右时，该空间是观赏该建筑物的最佳视区；当观察者的水平视角范围大于 54° 时，便进入对该建筑物的细部审视区。

3. 广场垂直界面的观察距离与围合感受间的关系

广场垂直界面的位置和高度，对于广场空间的视觉感受控制及各功能区的营造具有重要意义。广场空间的视觉感受与围合界面高度和观察距离有很大的关系。因此，在处理广场空间的视觉及心理感受时，应考虑围合界面的间距（W）与围合界面高度（H）之间的比例关系。

若以观察者站在广场空间的正中央为例（图 8–10）。

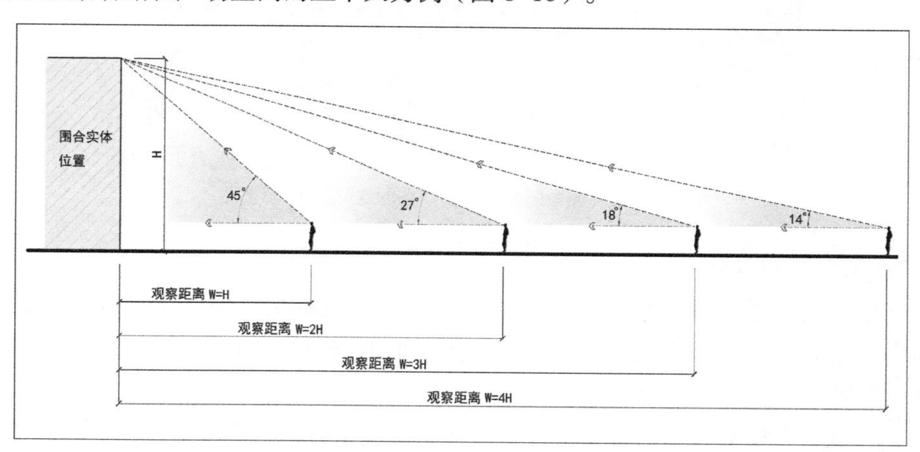

图 8–10　广场垂直界面与观察位置比例关系图解

当 W/H 的比值在 1 与 2 之间时，人在广场中的空间感受将最为封闭。在中国苏州传统园林中经常会见到此类型的空间。

当 W/H=2 时，观察者的中心垂直视角为 27° ，这时可观察到垂直界面的全貌，但视线仍可集中于垂直界面的细部，此时的空间仍具有较好的封闭感。

当 W/H=4 时，观察者的中心垂直视角为 14° ，此时是观察完整垂直界面的最佳位置，也是决定空间是否具有封闭感的最大值。因此，要在广场和庭院空间中营造围合感，其空间的 W/H 不宜大于 4，这一比例关系是界定广场空间是围合还是开敞的分界点。

当 W/H ＞ 4 时，广场不再具有空间上的围合感。

（二）广场空间层次的适宜观察距离

1. 广场空间的近景

在正常的光照和视觉条件下，观察者从远离花卉 6m 左右处可看清花瓣，从远离人

20 ~ 25m处看到人的面部表情。因此，在0 ~ 25m范围内，通常组织为广场空间的近景观察区，在此可布置重点观赏景观或视觉引导景观，以增加广场的景深层次。

2. 广场空间的中景

广场空间的中景区域一般为距离观察者约70 ~ 100m的区域，这时观察者可看清中景区中人的活动形态。在中景区内一般设置广场空间的主体建筑，并要求能够看清主体建筑的全貌（图8-11）。

图8-11　美国旧金山联合广场的空间尺度处理

3. 广场空间的远景

广场空间的远景区域一般为距离观察者约150 ~ 200m的区域，此时观察者能看清建筑群体的大轮廓。对于远景区的景物，在广场空间中可作为次背景、借景，起到对场地空间的呼应作用。

综上所述，广场空间作为人的休闲、活动、娱乐等场所，其空间尺度是由共享功能、视觉感受、心理需求和规划人数等综合因素决定的。对于广场空间中某一功能单元来讲，场地的长度和宽度一般宜控制在20 ~ 30m。在居住建筑或一般公共场所的广场中，尤其要注意空间尺度的舒适性和亲切感，应避免由于空间大而空所导致的失落感和浮夸感。

第四节　城市广场景观环境的设计要点

城市广场景观环境设计应按照城市总体规划确定广场的性质、功能和用地范围，应结合道路交通特点、周围地形地貌、自然环境、城市文化、市民活动规律等要素进行广场规划。要处理好城市广场与毗邻道路及主要建筑物出入口的衔接，并与围合建筑物形成良好的协调关系。广场的整体布局要遵循人流、车流相互分离的原则，应采用交通标志和标线指示等导视手段来引领人行、车行的方向。

一、城市广场的绿化设计

城市广场绿化的引入可重新建立起城市环境与自然生态的和谐关系，以补偿由于工业化生产和高密度开发对城市环境造成的伤害（图 8-12）。

图 8-12　中国上海市黄浦区人民广场俯瞰景观（局部）

（一）城市广场绿地规划设计原则

城市广场的绿地规划设计应遵循以下基本原则。

1. 与整体规划相统一

广场绿地布局应与城市广场总体规划相统一，并成为广场空间的有机组成部分。

2. 与功能要求一致

广场绿地的功能应与各功能区的要求一致，以更好地配合与加强该功能区的目标实现。

3. 营造空间层次

广场绿地规划应具有清晰的空间层次，独立形成或配合广场建筑、地形等，构建良好、多元、优美的广场空间体系。

4. 突出地方特色

应使广场绿化与城市绿化的总体风格协调一致，根据地理区位特征使物种的选择符合植物区系规律，注重突出绿化景观的地方特色。

5. 改善环境质量

广场绿化设计应根据地形条件、气候因素和标高特点，以改善局部小气候和提高环境质量为基本目的，协调好绿化配置与城市风向、交通道路、活动空间等的相互关系。

6. 保护原有生态

应对广场上的现状大型树木进行合理保护，以体现对城市历史的尊重和场所感的认同。

（二）城市广场绿地的种植形式设计

城市广场绿地的植物种植，一般包括排列式、组团式、自然式和花坛式等种植形式（图 8-13）。现简要介绍如下。

图 8-13 中国上海市黄浦区人民广场的植物种植设计

1. 排列式种植

排列式种植属于规整式的种植方式，多用于长条形的地带，可起到隔离、遮挡或构成景观背景的作用。

2. 组团式种植

组团式种植也是一种规整式的种植方式。为避免植物成排种植的单调感，可先用几种植物组成一丛，然后再有规律地排列在绿化地段上。

3. 自然式种植

自然式种植可不受到株行距的限制，而是模仿自然界中花木生长的无序性进行布置，可巧妙地解决植物种植位置与地下管线之间的矛盾（图 8-14）。

图 8-14 自然式的植物种植设计

4. 花坛式种植

花坛式种植是利用植株组成各种图案，其布置面积一般不应超过广场面积的 1/3。华丽的图案可种植面积小一些，而简单的图案则需要种植面积稍大一些。

（三）广场绿化设计要点

1. 合理布局

广场绿化应根据各类城市广场的功能、规模和周边环境进行配置。广场绿化应有利于人流、车流的集散。

2. 疏密得当

在城市中心区的公共活动广场周边宜种植树形高大的乔木。集中成片的绿地面积不应小于广场总面积的 22%，并宜布置成开放式绿地，植物配置宜疏朗通透。

3. 选择地方特色树种

对于车站、码头、机场等人流较大的集散广场，其绿化植物应注重选择具有地方特色的树种。集中成片的绿地面积不应小于广场总面积的 10%。

4. 以绿化突出主体

对于纪念性广场或广场中的主体建筑，宜利用绿化植物来衬托主体，应创造出与广场主题相适应的环境氛围。

二、城市广场的色彩设计

色彩可用来体现空间的性格和烘托环境气氛。广场色彩的运用应与广场的使用性质、主题形象和人们的心理需求相一致。广场的色彩设计应与整体城市、街道的色彩风格相一致，并具有一定的色彩变化节奏感和韵律感（图 8–15）。

图 8–15　城市广场的色彩运用

三、城市广场的水体设计

水体景观是城市环境的构成要素之一，也可成为城市广场空间的观赏景物。

（一）水体的表现地位

在城市广场空间中，水体景观大体上有三种表现地位。

1. 以水为广场主题

以水作为广场的主题，即水体可占用广场空间的较大部分，其他设计元素均围绕水体进行展开（图 8–16）。

图 8–16 广场水体景观

2. 以水为局部主题

在广场设计中，将水体作为广场局部空间的水景来处理，并使其成为该局部空间的主要表现对象（图 8–17）。

图 8–17 广场空间局部水体景观

3. 以水为景观辅助或点缀

在广场设计中，利用水体来辅助或点缀广场空间，并通过水来引导、传达某种信息。

（二）水深的控制

1. 人工水体

在人工水体近岸附近 2m 范围内，其水深不得大于 0.7m，否则应设置护栏。

2. 园桥与汀步

在无护栏的园桥、汀步附近 2m 范围内，水深不得大于 0.5m。（注：汀步指在浅水中按一定间距布设的块石，供人跨步而过，汀步的步距应小于或等于 0.5m）

四、城市广场地面铺装设计

广场的地面铺装设计可给人以非常强烈的视觉感受，利用广场地面的材质、色彩、图案等可以起到限定空间、标志空间、增强领域识别性和尺度感的作用。通过地面铺装图案的处理，可将人、植物、设施与建筑联系起来，形成广场空间的整体美（图 8-18、图 8-19）。

图 8-18　广场地面景观设计

图 8-19　广场休闲区地面铺装设计

城市广场的地面铺装设计在功能和选材上，应具有防滑、耐磨、防水的特性及良好的排水性能，可选用的材料有花岗岩、砂岩和板岩、水泥方砖、广场砖、石灰石、卵石、混凝土等。

广场地面的图案设计，可包括以下几种处理手法。

（1）设定标准图案，并重复使用。

（2）对广场地面进行整体图案设计。

（3）对广场地面的边缘部分进行铺装处理。

（4）将广场地面图案进行富有韵律感的、多样化的铺装处理。

（一）广场砖规格

广场砖的规格见表 8-3，特殊要求应由供需双方商定。

表 8-3 常见广场砖规格 单位：mm

长 × 宽	100 × 100、108 × 108、150 × 150、190 × 190、100 × 200、200 × 200、150 × 300、150 × 315、300 × 300、315 × 315、315 × 525
厚度	40、50、60

（二）广场石规格

广场铺装用天然石材的规格见表 8-4，特殊要求应由供需双方商定。

表 8-4 广场石规格尺寸 单位：mm

长度或宽度	150、200、300、400、500、600、700、800、900、1000、1200、1500、1800
边长（多边形）	50、100、150、200、250、300
厚度	50、75、100、150、200、250、300、350、400

五、城市广场景观雕塑与小品设计

现代城市广场是现代城市开放空间体系中最具公共性、艺术性及活力的户外活动场所，也是最能体现都市特有文化、文明形象及审美情趣的城市公共空间。景观雕塑与小品可对广场空间起到点缀、烘托、活跃环境气氛的作用。

城市广场景观雕塑与小品设计应做到造型新颖，具有强烈的时代气息，具有地域文化特色和民族风格，宜适当运用新型材料体现现代城市广场的时代特征。

六、城市广场景观照明设计

现代城市广场的景观照明灯具一般分为四类。第一类为高杆灯，用于主要的活动空间；第二类为庭院灯，用于休闲区域；第三类为草坪灯，用于园林草坪；第四类为效果灯，用于城市灯光艺术的表现（图 8-20）。

图 8-20　城市广场空间景观照明设计

城市广场照明设计应符合以下规定。

（1）广场照明所营造的气氛应与广场的功能及周围环境相适应，亮度或照度水平、照明方式、光源的显色性以及灯具造型等应体现广场的功能要求和景观特征。

（2）广场绿地、人行道、公共活动区及主要出入口的照度标准值应符合有关规定。

（3）在广场地面的坡道、台阶及具有高差处应设置照明设施。

（4）对于广场公共活动区、建筑物和特殊景观元素的照明应统一规划并相互协调。

（5）广场照明应提供构成视觉中心的亮点，视觉中心的亮度与周围环境亮度的对比度应符合建筑物和构筑物的入口、门头、雕塑、喷泉、绿化等的视觉感知要求，可采用重点照明突显特定的目标。

（6）高杆灯的高度一般在 15m 以上，辐射半径为 30 ~ 60m；庭院灯一般高度为 3 ~ 4m，间距一般为 15 ~ 20m；草坪灯一般高度为 0.3 ~ 1.0m，间距一般为 5 ~ 8m。

城市广场各部位景观照明的照度标准值见表 8-5。

表 8-5　城市广场空间景观环境照明的照度标准值

照明场所	绿地	人行道	公共活动的区				主要出入口
			市政广场	交通广场	商业广场	其他广场	
水平照度 (lx)	≤ 3	5 ~ 10	15 ~ 25	10 ~ 20	10 ~ 20	5 ~ 10	20 ~ 30

（7）除重大庆典活动外，广场空间照明不宜选用动态和彩色光照明。

（8）广场景观照明应具有良好的装饰性，但不得对行人或机动车驾驶员产生眩光或者对环境产生光污染。

（9）机场、车站、港口的交通广场照明应以功能性为主，在出入口、人行及车行道路和换乘位置，应设置醒目的标识照明。使用动态或彩色光源，不得干扰人们对交通信号灯的识别。

（10）商业广场的照明应与商业街的建筑、出入口、橱窗、广告标识、道路、绿化、小品及娱乐设施等照明统一规划并相互协调。

第五节　城市广场景观环境设计实例

广场是城市的地标和象征，应将城市广场景观环境设计视为城市整体公共空间的一部分。在城市规划体系中，各广场空间应具有一定关联性和序列性。因此，对于城市广场景观环境的规划设计来讲，应当建立起一个从城市的宏观至中观，再到微观的思考体系，使广场空间充分发挥其凝聚力并提高公众的参与意识，真正成为广大市民进行户外活动、交往与交流、休闲与娱乐的理想空间。

为了使读者更好地将城市广场的景观设计理论知识与实践相结合，以及对城市广场景观环境设计有一个更为全面的认识，可通过图 8-21 ~ 图 8-27 来进一步地分析和理解，同时还可做出相应的设计评价，说一下自己的看法。

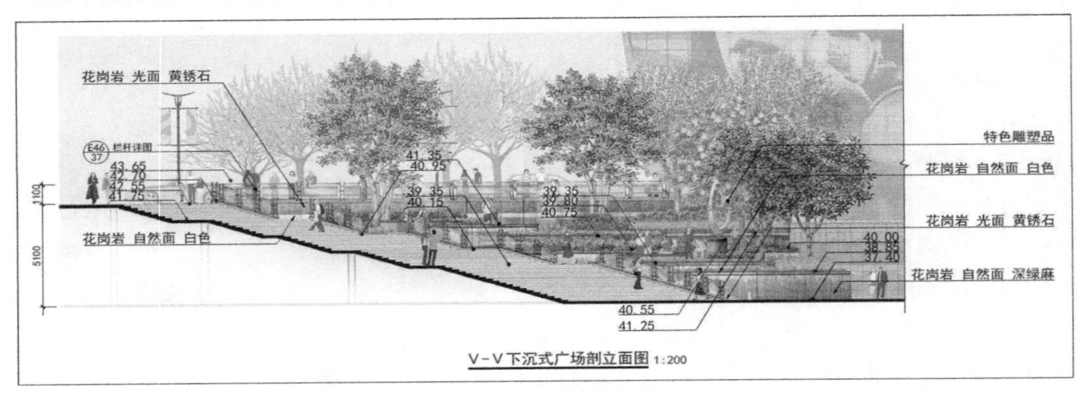

图 8-21　下沉式广场景观地段剖面图

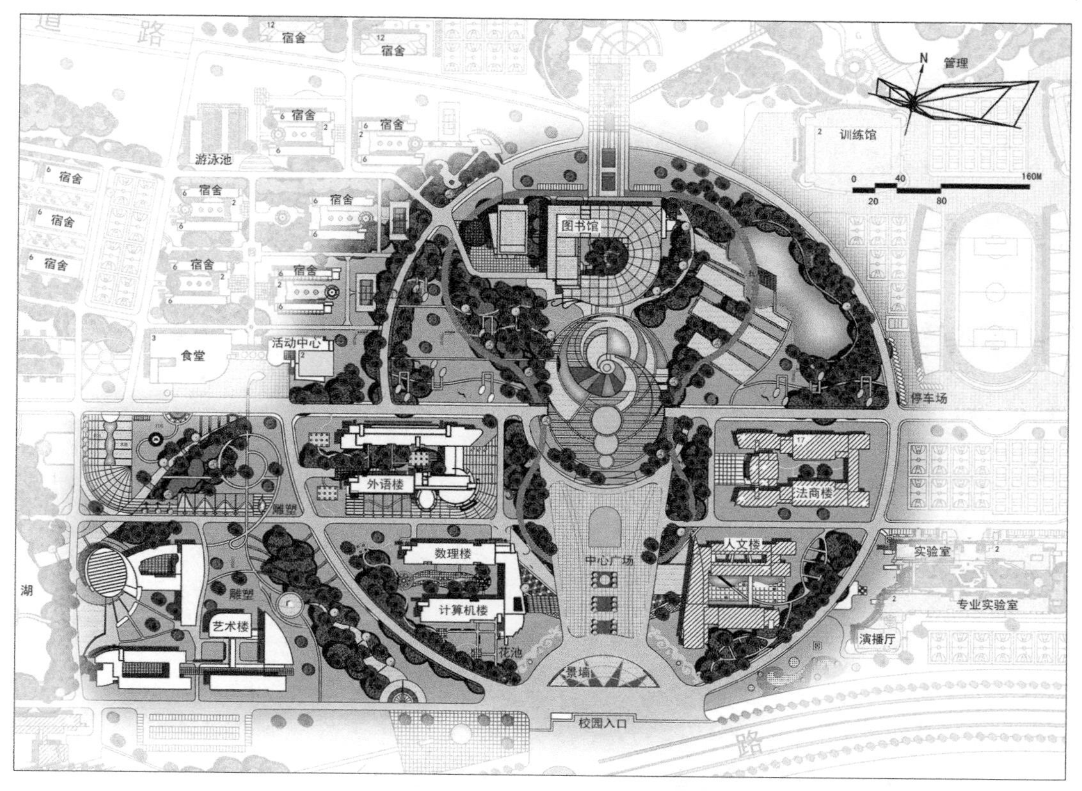

图 8-22　某大学中心广场景观规划图

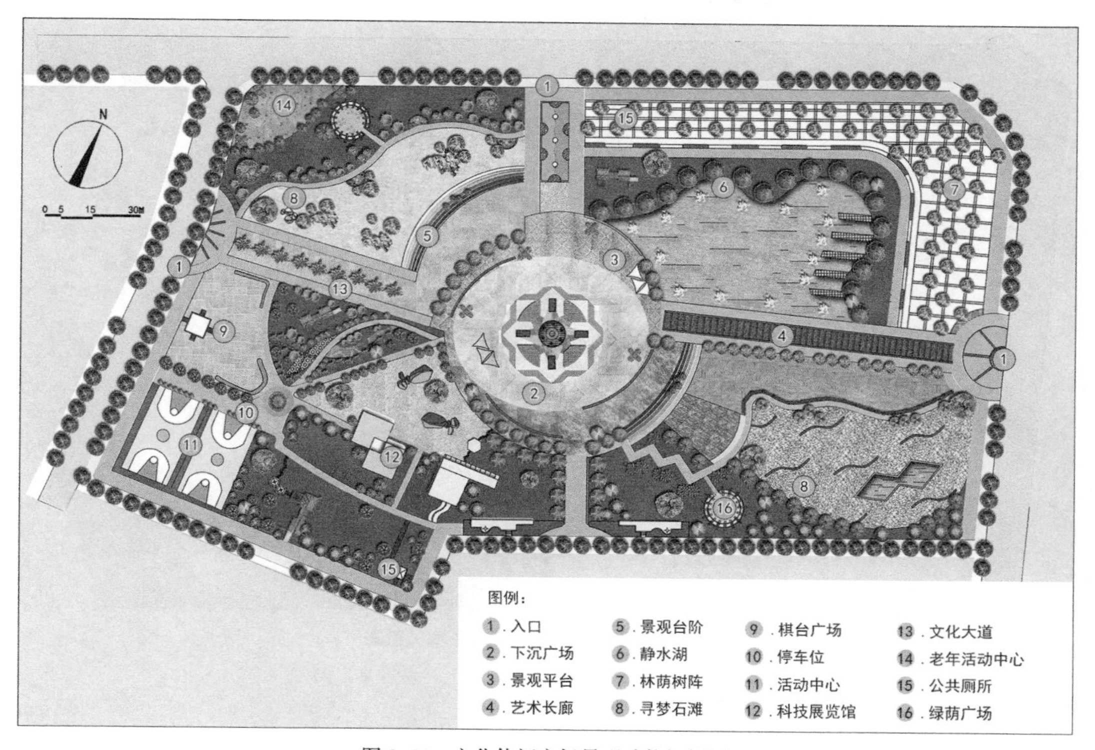

图 8-23　文化休闲广场景观功能规划图

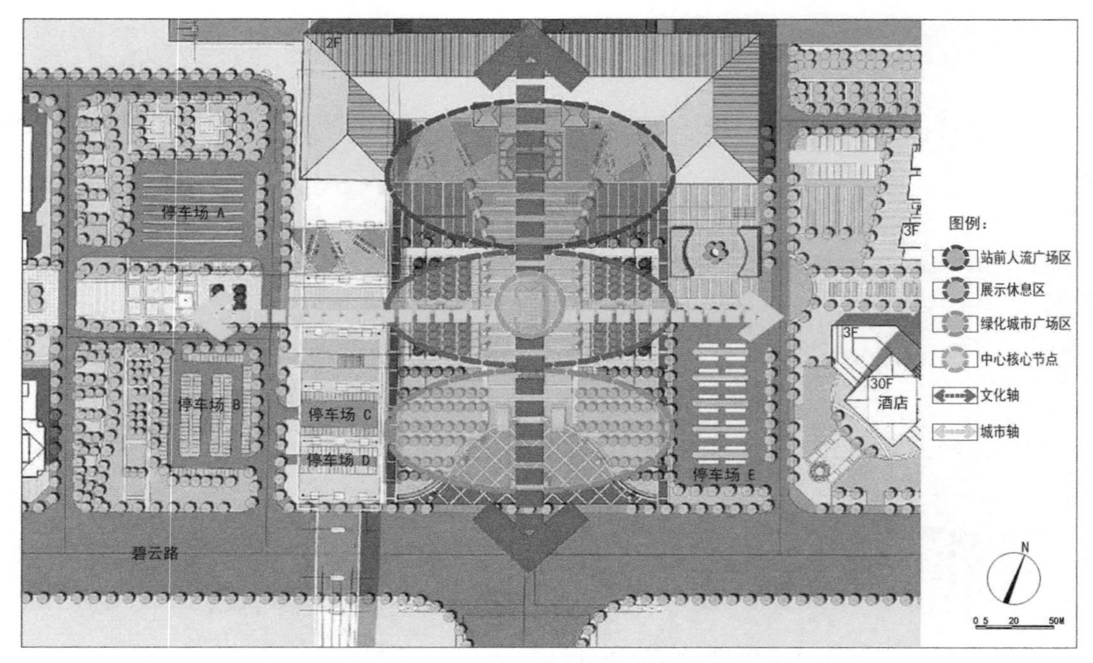

图 8-24 站前广场景观功能分析图

图 8-25 城市广场空间景观环境鸟瞰图

图 8-26　休闲广场景观设计透视图

图 8-27　商业广场景观设计鸟瞰图

思考题与习题

1. 城市广场的含义和作用是什么？

2. 从广场的性质来划分，城市广场应包括哪些基本类型？分别举例说明。

3. 怎样理解城市广场的性质与功能定位？

4. 简要回答城市广场规划设计的基本原则，并结合实际举例说明。

5. 城市广场的功能体现包括哪些方面？

6. 城市广场空间应如何来界定？同时说一说你自己的理解和想法。

7. 应如何看待城市广场景观环境的色彩设计？

8. 对城市的著名广场进行现场调查，并写出不少于 2000 字的城市广场景观环境设计调查报告。要求逻辑与条理清晰，以现场分析和个人体会为主。

参考文献

一、参考文献书目部分

[1] 特纳 . 世界园林史 . 林箐，译 . 北京：中国林业出版社，2011.

[2] 针之谷钟吉 . 西方造园变迁史 . 邹洪灿，译 . 北京：中国建筑工业出版社，1991.

[3] 周维权 . 中国古典园林史 . 北京：清华大学出版社，2008.

[4] 陈植 . 中国造园史 . 北京：中国建筑工业出版社，2006.

[5] 贝尔 . 景观的视觉设计要素 . 王文彤，译 . 北京：中国建筑工业出版社，2004.

[6] 特雷布 . 现代景观——一次批判性的回顾 . 丁力杨，译 . 北京：中国建筑工业出，2008.

[7] 沈守云 . 现代景观设计思潮 . 武汉：华中科技大学出版社，2009.

[8] 金广君 . 图解城市设计 . 哈尔滨：黑龙江科学技术出版社，2001.

[9] 王向荣，林箐 . 西方现代景观设计的理论与实践 . 北京：中国建筑工业出版社，2002.

[10] 里德 . 园林景观设计——从概念到形式 . 郑淮兵，译 . 北京：中国建筑工业出版社，2010.

[11] 西蒙兹 . 景观设计学——场地规划与设计手册 . 俞孔坚，译 . 北京：中国建筑工业出版社，2000.

[12] 李茂虎 . 居住区景观设计 . 哈尔滨：哈尔滨工程大学出版社，2009.

[13] 林焰 . 滨水园林景观设计 . 北京：机械工业出版社，2008.

[14] 文增 . 城市街道景观设计 . 北京：高等教育出版社，2008.

[15] 田勇 . 城市广场及商业街景观设计 . 长沙：湖南人民出版社，2011.

[16] 芒福汀 . 街道与广场 . 张永刚，陈卫东，译 . 北京：中国建筑工业出版社，2004.

[17] 中华人民共和国建设部，同济大学建筑城市规划学院 . 风景园林图例图示标准：CJJ 67—1995. 北京：中国建筑工业出版社，1996.

[18] 中华人民共和国建设部 . 城市居住区规划设计规范：GB 50180—1993. 北京：中国建筑工业出版社，2002.

[19] 中华人民共和国建设部，北京市园林局 . 公园设计规范：CJJ 48—1992 . 北京：中国建筑工业出版社，1993.

[20] 中华人民共和国住房和城乡建设部，北京市市政工程研究院 . 城市道路工程设计规范：CJJ 37—2012. 北京：中国建筑工业出版社，2012.

[21] 中华人民共和国建设部，中国城市规划设计研究院 . 城市道路绿化规划与设计规范：CJJ 75—1997. 北京：中国建筑工业出版社，1998.

[22] 中华人民共和国建设部 . 城市道路交通规划设计规范：GB 50220—1995. 北京：中国建筑工业出版社，1995.

[23] 中华人民共和国建设部，上海市建设和交通管理委员会 . 城市绿地设计规范：GB 50420—2007 . 北京：中国计划出版社，2007.

[24] 中华人民共和国建设部 . 城市公共设施规划规范：GB 50442—2008 . 北京：中国建筑工业出版社，2008.

[25] 中华人民共和国住房和城乡建设部，武汉市城市规划设计研究院 . 城市水系规划规范：GB 50513—2009 . 北京：中国建筑工业出版社，2009.

[26] 中华人民共和国水利部，河海大学 . 城市水系规划导则：SL 431—2008 . 北京：中国水利水电出版社，2009.

[27] 中华人民共和国住房和城乡建设部，北京市建筑设计研究院 . 无障碍设计规范：GB 50763—2012 . 北京：中国建筑工业出版社，2012.

[28] 中华人民共和国住房和城乡建设部，中国建筑科学研究院 . 城市夜景照明设计规范：JGJ/T 163—2008 . 北京：中国建筑工业出版社，2008.

二、参考电子文献部分

[29] dg.youdao.com
[30] so.tzhqw.com
[31] www.wansongpu.com
[32] www.alamu.com.cn
[33] bbs.yuanlin.com
[34] scenery.nihaowang.com
[35] www.icili.com
[36] travel.yesfr.com
[37] www.pmasia.com
[38] xihuashe.lofter.com
[39] www.yuanliner.com
[40] www.bdxx.net
[41] hb.ifeng.com
[42] www.kaoguhui.cn
[43] magz.artscharity.org
[44] www.btrip.cn
[45] zh.wikipedia.org
[46] you.ctrip.com
[47] www.horizonlandscape.cn
[48] bbs.voc.com.cn
[49] blog.artron.net
[50] www.siin.cn
[51] qnsj.why.com.cn
[52] tuku.news.news.china.com
[53] www.china.com.cn
[54] art.jit.edu.cn
[55] design.yuanlin.com
[56] imgsou.com
[57] blog.163.com
[58] bbs.city.ifeng.com
[59] m.kdslife.com
[60] group.haodou.com
[61] www.ssggss.com
[62] rcla.thupdi.com
[63] wo.poco.cn
[64] www.angzhihan.name
[65] www.hmzg.cc
[66] www.chla.com.cn
[67] www.gooood.hk
[68] www.ivsky.com
[69] scenic.66diqiu.com
[70] aitupian.com
[71] map.baidu.com
[72] www.china-citytour.com
[73] www.17u.com
[74] www.zwsls.com
[75] www.yunphoto.net
[76] www.cntaijiquan.com
[77] www.shaolinsixuexiao.com
[78] www.aiyoushu.com
[79] www.youper.cn
[80] www.chinadaily.com.cn
[81] qd.ifeng.com
[82] www.tujiajia.cn
[83] www.ouzhou-lvyou.com
[84] bbs.godeyes.cn

[85] www.5mhrm.com
[86] www.titien.net
[87] apple101.com.my
[88] www.artisan.com.tw
[89] www.douban.com
[90] www.ly.com
[91] www.duitang.com
[92] z.mafengwo.cn
[93] www.west0571.com
[94] www.yijiangshan.cn
[95] landscapelife.diandian.com
[96] www.wanda-gh.com
[97] www.333cn.com
[98] static.chinavisual.com
[99] www.inla.cn
[100] blog.renren.com
[101] www.cghb.com
[102] www.design-media.cn
[103] blog.fong.com
[104] nfusea.blog.163.com
[105] www.jiudi.net
[106] xmrunxin.cn
[107] www.roadqu.com
[108] expo2010.china.com.cn
[109] qitejianzhu.baike.com
[110] www.zgghw.orz
[111] www.szparks.gov.cn
[112] www.33.la
[113] www.123ny.cn
[114] sd.yygr.cn
[115] www.ddyuanlin.com
[116] www.huisj.com
[117] article.yeeyan.org
[118] 124.xingshuo.net
[119] www.169xl.com
[120] www.cnyxti.com
[121] www.pai-hang-bang.com
[122] www.ba7q.com
[123] xa.fncus.cn
[124] queqiaoba.com
[125] www.wsg.gov.cn
[126] www.ddove.com
[127] xjwms.com
[128] zhan.renren.com
[129] www.pdjq.com.cn
[130] yggh.jsjsj.com.cn
[131] www.5872w.com
[132] www.aitupian.com
[133] www.shijuew.com
[134] www.hzgj.net
[135] www.nihaoya.com
[136] www.nipic.com
[137] www.queqiaoba.com
[138] yun.icemew.com
[139] blog.sina.com.cn
[140] www.gcszy.com
[141] 126.xingshuo.net
[142] www.97ysz.com
[143] xiaoguotu.to8to.com
[144] www.wzup.gov.cn
[145] jtkj.zit.gov.cn
[146] www.gooood.hk
[147] www.china-up.com
[148] www.jiudi.net
[149] zgsjge.com
[150] www.xatjgg.com
[151] photo.5ixiangyun.net
[152] www.jinhua.gov.cn
[153] www.jczjj.gov.cn
[154] go.huangiu.com
[155] www.jj20.com
[156] www.taopic.com
[157] www.117go.com
[158] pkl.gov.taipei
[159] gh.cixi.gov.cn
[160] www.sj33.cn
[161] www.syghgt.gov.cn
[162] www.xiaogushi.cc
[163] www.anhui365.net
[164] www.readatchina.com
[165] www.aitupian.com
[166] www.cdxmgl.com

[167] gl.aitupian.com

[168] gallery.liuxue163.com

[169] tu-enterdesk.com

[170] www.meiguoxing.com

[171] sz.house.sina.com.cn

[172] bbs.szhome.com

[173] www.weixinyidu.com

[174] zh.hotels.com

[175] www.williamlong.inf

[176] wx.shenchuang.com

[177] www.zjnu.edu.cn

[178] wribao.php230.com